동네 목욕탕부터
대형 스파까지

일
본
온
천
순
례

스티브 와이드 · 미쉘 매킨토시 지음
김은지 옮김

일본 온천 순례

시그마북스
Sigma Books

일본 온천 순례

발행일 2019년 12월 10일 초판 1쇄 발행

지은이 스티브 와이드, 미쉘 매킨토시

옮긴이 김은지

발행인 강학경

발행처 시그마북스

마케팅 정제용

에디터 장민정, 최윤정

디자인 최희민, 김문배

등록번호 제10-965호

주소 서울특별시 영등포구 양평로 22길 21 선유도코오롱디지털타워 A402호

전자우편 sigmabooks@spress.co.kr

홈페이지 http://www.sigmabooks.co.kr

전화 (02) 2062-5288~9

팩시밀리 (02) 323-4197

ISBN 979-11-90257-16-9(13980)

이 도서의 국립중앙도서관 출판예정도서목록(CIP)은 서지정보유통지원시스템 홈페이지(http://seoji.nl.go.kr)와
국가자료공동목록시스템(http://www.nl.go.kr/kolisnet)에서 이용하실 수 있습니다.
(CIP제어번호: CIP2019047050)

* 시그마북스는 (주)시그마프레스의 자매회사로 일반 단행본 전문 출판사입니다.

차례

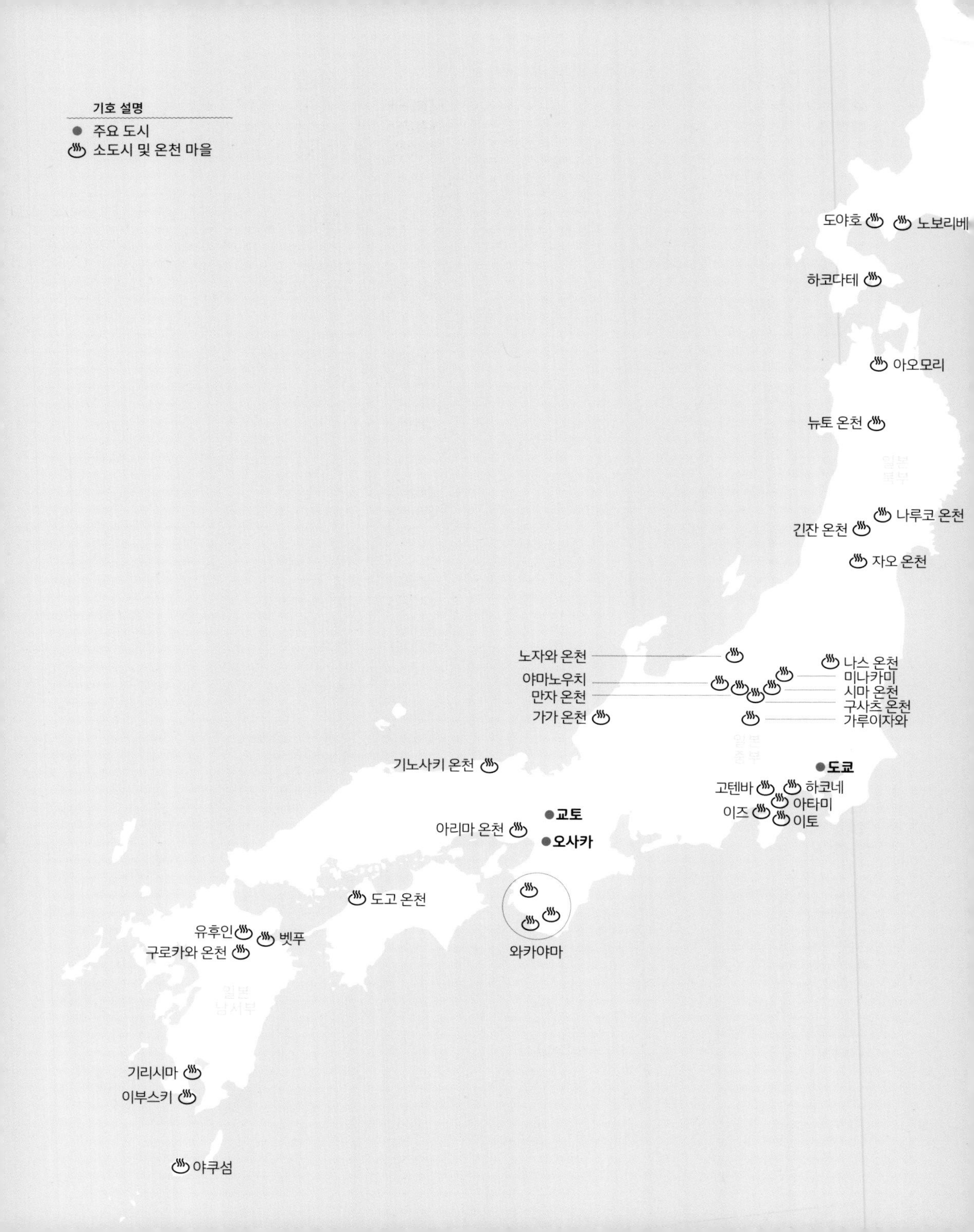
기호 설명
주요 도시
소도시 및 온천 마을
도야호
노보리베
하코다테
아오모리
뉴토 온천
일본 북부
나루코 온천
긴잔 온천
자오 온천
노자와 온천
나스 온천
야마노우치
미나카미
만자 온천
시마 온천
구사츠 온천
가가 온천
가루이자와
일본 중부
기노사키 온천
도쿄
고텐바
하코네
아타미
이즈
이토
교토
아리마 온천
오사카
도고 온천
유후인
벳푸
구로카와 온천
와카야마
일본 남서부
기리시마
이부스키
야쿠섬

위 야마나카에 있는 하이쿠 시인 마쓰오 바쇼의 오두막, 바쇼도(99쪽).

반대쪽 유다나카의 대중목욕탕 가에데 노유 앞에 있는 무료 족욕탕(122쪽).

화산의 나라, 일본은 땅속 깊은 곳에서 샘솟아 전국 곳곳으로 흐르는 온천수로도 유명하다. 수천 년 전부터 일본인은 온천수를 축복으로 여기며 신성한 의식에 사용해왔다. 또한 온천수는 일상의 스트레스에서 벗어나 긴장을 풀고 휴식을 취할 때도 쓰이고 질병 치료에도 활용된다. 온천은 친구 나 가족과 함께 모여 친목을 다지는 장소이기도 하다.

온천은 더할 나위 없이 완벽한 '건강한 안식처'이면서도 가격이 저렴하다. 그래서 누구나 온천 을 찾아 지치고 혹사당하거나 스트레스에 시달린 몸과 마음을 편히 쉴 수 있다.

우리가 흔히 쓰는 '선zen'이라는 단어는 마음을 차분하게 다스리거나 중심을 잡는 것을 포괄적 으로 의미한다. 하지만 일본인에게 '선'은 일상의 일부다. 음식과 휴식, 명상이 어우러져 오래전부 터 이어져 온 삶에 대한 전반적인 관점을 완성한다. 온천은 이러한 삶의 관점을 보여주는 완벽한 예로, '조화'라고 번역되는 일본어인 '와和'의 본질이라고 할 수 있다. 자연과 신체가 만나 하나가 되 는 곳이 바로 온천이다. 야외에서 맨몸으로 목욕하는 동안 주변 공기가 몸과 얼굴, 머리카락을 부 드럽게 어루만지는 것을 느끼다 보면 신체적 감각과 정신적 감각이 한데 뒤섞인다.

온천을 뜻하는 기호이자 이모티콘인 ♨가 따로 쓰일 만큼 일본에서 온천은 매우 인기 있는 단 어다. 일본어로 '유ゆ'는 뜨거운 물을 의미한다. 온천과 '유'의 기호를 익히고 나면 우뚝 솟은 건물 사이에 숨어있는 자그마한 동네 목욕탕부터 근처 길거리 또는 시골길에 자리 잡은 신비로운 전통 온천에 이르기까지 일본 곳곳에서 온천을 발견하게 될 것이다.

미쉘: 나는 늘 목욕하는 것을 좋아했다. 아파트에 욕조가 없어서 아예 이사를 간 적도 있다(욕조가 없는 것이 결정적인 이유였다). 그곳에 살면서 왜 행복하지 않은지 이유를 찾다가 목욕을 하지 않고서는 충분히 쉬지 못한다는 사실을 깨달았다. 다시는 욕조가 없는 곳에서 살지 않겠다고 다짐했다.

예전에는 열심히 일하고 돌아오거나 힘든 일을 겪은 후, 또는 두통이 있을 때 목욕을 하곤 했다. 그런데 요즘에는 목욕을 완전히 다른 시각으로 바라보게 되었다. 하루 중 어느 때라도 쉬기 위해서 시간을 내는 편이다. 별다른 이유가 없어도 말이다. 기분이 좋아지고 남은 일과나 해야 할 일에 좀 더 집중하도록 도와준다.

눈을 감으면 일본 시골 한가운데 또는 안락한 도쿄 교외에 있는 온천에 있는 듯한 기분이 든다. 우리 집 화장실에는 목욕 바가지와 목욕 의자, 그리고 벽장 가득 입욕 소금이 있어 온천 느낌을 재현할 수 있다.

스티브: 사실 목욕에는 큰 흥미가 없었다. 미쉘을 위해 목욕물을 받거나 좀 더 편안하게 목욕할 수 있도록 입욕 소금이나 오일 등을 사기는 했지만, 정작 직접 목욕한 건 손에 꼽을 정도였다. 어렸을 때 목욕한 기억이 그다지 좋지 않았기 때문이다. 그런데 일본에서 목욕을 경험한 후 모든 것이 바뀌었다. 예전에는 어느 유명 시트콤에 나온 대사처럼 목욕이 곧 '내 몸에서 나온 미지근한 오물 안에 앉아있는' 것 같다고 생각했는데, 이제는 아니다. 대신 걱정과 스트레스를 부드럽게 녹이는 따뜻한 물과 피부를 보드랍게 만들거나 몸에 생기를 불어넣는 특별한 소금으로 완성하는 완벽한 휴식이라고 여긴다.

온천을 여행하다 보니 너무나도 아름답고 또 문화적으로도 중요한 곳들을 다니게 되었다. 깊은 산속 부글거리는 화산 온천수에 몸을 숨긴 채 숨이 턱 막힐 듯한 절경을 감상할 수 있는 온천도 있었고, 매력과 개성이 넘치는 자그마한 동네 온천도 있었다. 또 흥미로운 이야기를 간직한 전통 온천도 있었는데, 오래전 먹을거리를 담은 수레나 정교한 수공예품을 가지고 마을로 온 사람들이 피곤에 지친 몸을 깨끗이 씻고 쉴 수 있는 곳이 필요했던 시절을 엿볼 수 있다. 치유의 힘을 가진 온천수 덕분에 상처를 치료했다는 동물과 군인들의 이야기도 셀 수 없이 많다. 시간을 더 거슬러 올라가면 신들이 온천을 발견하고 축복을 내렸다는 전설도 있다. 온천을 여행하면서 여러 종류의 온천수와 놀랍도록 다양한 효능과 효과에 대해 배울 수 있었다.

일본 여행을 막 시작했을 무렵 한번은 경로의 날에 도쿄를 간 적이 있다. TV에서 어린 소년이 노인의 등을 밀어주는 모습을 보고 깜짝 놀랐다. 소년과 노인 둘 다 알몸이었기 때문이다. 일본 목욕탕을 본 것은 처음이었다. 그 장면은 우리의 호기심과 궁금증을 자극했다. 서양 문화에서는 흔히 볼 수 없는 장면이었기에 우리는 왜 그런 것인지 그 이유와 함께 목욕과 알몸 노출, 건강, 웰빙, 그리고 공동체 의식과 관련해 오스트레일리아와 일본의 문화적 차이점에 대해 의견을 나누고 토론했다.

우리가 본 그 TV 장면은 자연스럽고 감동적이었으며 온천 문화를 처음으로 접하는 완벽한 계기였다. 온천이 정신적인 장소이자 꼭 필요한 장소이며 가족을 하나로 뭉치게 하고 다른 사람과 어울릴 수 있는 장소라는 점을 보여주었다. 온천은 우리 사회에 존재하는 경계를 허문다. 스노보드를 좋아하든 스키를 좋아하든 상관없다. 직장 상사도 부하 직원도, 병들거나 장애가 있는 사람도, 나이가 많거나 젊은 사람도 누구나 찾을 수 있는 곳이 온천이다. 이 책에는 일본에서 즐길 수 있는 3,000여 개의 온천 중 극히 일부만 담겨있다. 따라서 나만의 온천을 발견해 그 속에 몸을 담고 모든 걱정이 사라지는 경험을 하기 바란다. 깨끗한 몸과 맑은 정신으로 다시 일어서게 될 것이다.

場浴大館本瀧一第　(泉溫別登)

온천의 역사

처음에 온천은 필요에 의해 만들어진 공간이었다. 가장 오래된 온천은 일본 남부에 있는 도고 온천으로, 712년에 편찬된 일본의 고대 역사서 《고사기》에도 등장한다. 바닷가 온천인 사키노유는 말 그대로 바위를 깎아 만든 곳으로, 소금기 있는 온천수가 땅속 깊은 곳으로부터 올라와 욕탕을 채운다. 시간이 지나면서 온천 역시 진화해왔다. 비밀에 싸인 천연 온천으로 시작해 사무라이가 잠시 머물다 가는 장소를 거쳐 휴양객과 지역 주민의 발길이 끊이지 않는 지금의 모습을 갖추게 된 것이다. 온천이 자리를 잡기 시작한 초반에는 남녀를 나누지 않고 온 가족이 함께 알몸으로 목욕했다. 일본에서 이러한 목욕 문화는 지극히 정상적이라고 여겨지는데, 오늘날에도 농촌에서는 남녀 혼탕을 흔히 볼 수 있다. 하지만 20세기부터는 도심 지역을 중심으로 남탕과 여탕으로 구분된 온천이 생겨났다.

아주 오래전인 7세기 무렵에 나카센도 도로는 쇼군(막부의 장군)과 순례자, 사무라이가 지나다니는 길이었는데, 이들이 머무르고 씻을 수 있는 공간이 길목에 필요했다. 그러다 보니 집에서처럼 편안하게 쉬거나 따뜻한 식사를 할 수 있고 머리를 뉘일 수 있을뿐더러 목욕도 할 수 있는 료칸(일본의 전통 여관)이 자리 잡게 되었다. 여러 료칸들은 손님을 받기 위해 서로 경쟁했고 앞다투어 욕탕을 더욱 특별하고 아름답게 꾸몄다. 지역마다 근처에서 샘솟는 온천수와 그 역사, 그리고 남다른 장점과 효능을 자랑스럽게 여겼다(지금도 마찬가지다).

에도 시대(1603~1867년)를 거치며 온천은 인기 있는 친목 활동이자 취미로 자리 잡았다. 또한 불교에서 정신을 맑게 가다듬고 정화하기 위해 목욕이 필요하다고 강력하게 내세우면서 온천 열풍이 불기 시작했다. 1869년 도쿄에서는 혼탕을 금지하기도 했는데, 이후에도 사람들이 잘 지키지 않아 1870년과 1872년에 다시 금지되었다. 오늘날 도쿄에서는 혼탕 온천을 찾아볼 수 없다.

온천, 센토(대중목욕탕), 가시키리부로(가족탕 혹은 전세탕)

100년 전쯤에는 도쿄에만 2,000여 개의 목욕탕이 있었으며 전국적으로는 3,000여 개가 있었다고 추정된다. 하지만 요즘에는 인기가 줄어들어 그 숫자 역시 현저하게 낮아졌다. 그럼에도 불구하고 온천이 가지고 있는 오래된 분위기와 복고적인 감성이 현대적으로 재해석되면서 온천의 르네상스가 다시 오고 있음을 알 수 있다. 지금은 열탕을 채우는 물이 메타붕산, 철분, 황, 라듐 등 19개의 특별한 화학 원소 중 하나를 함유하며 25도 이상인 지하수여야만 '온천'이라는 단어를 쓸 수 있다.

반면 센토는 뜨겁게 데운 수돗물을 채운 열탕을 말한다. 주로 도시와 마을에 있는 목욕탕으로, 약간의 사용료를 내고 입장할 수 있으며 시설이 매우 실용적이다. 이용객이 수건과 비누, 샴푸 등을 직접 가져가야 하고 보통 커다란 칸막이로 남탕과 여탕이 구분되어 있다. 특별함을 더하기 위해 뜨거운 수돗물에 염화나트륨을 넣는 것이 일반적이다.

온천 자격을 얻기 위해 인공 욕탕의 물에 성분을 추가하거나 특정 온도 이상으로 물을 데우는 등 편법이 있는 것이 사실이다. 하지만 대개 온천에서 유명한 온천수의 종류를 보면 천연 온천을 구분할 수 있다. 예컨대 철분이 풍부한 특별한 온천수 또는 유황을 함유한 화산수는 지하에서 끌어와야만 쓸 수 있다.

센토만이 가지고 있는 매력도 충분하다. 그래서인지 요즘 들어 센토가 다시 주목받고 있다. 새로 짓거나 재단장한 센토부터 추가 욕탕, 제트 마사지 욕탕, 냉탕, 심지어 마치 온천에 온 것 같은 느낌을 주는 야외 암반탕 등을 선보이며 욕탕의 모습이 더욱 고급스럽고 다양해지고 있는 것이다. 많은 센토가 후지산이나 유명 신사처럼 일본을 대표하는 풍경을 담은 벽화를 자랑한다. 대개 센토는 매우 저렴하며 동네 위주다. 일본의 주거 공간은 좁은 곳이 많은 편이라 여러 개의 욕탕과 널찍한 휴게 공간, 그리고 사람들과 교류할 수 있는 기회를 제공하는 센토가 만남의 장소로 활용된다. 눈을 감으면 '좋았던 옛 시절'로 돌아갈 수 있는 것 또한 센토만의 매력이다. 굉장히 모던하고 현대적인 스파 시설로 거듭난 센토도 있어 꽤 화려하고 귀족적인 방법으로 대중목욕탕 또는 독탕을 즐길 수 있다.

가족탕(또는 가시키리부로)은 주로 호텔이나 료칸에서 볼 수 있다. 가족이나 커플끼리 단독으로 이용할 수 있도록 숙박 시설을 이용하는 손님에게 대여하는 형태다. 가족탕에 따라 무료이거나 사용료를 내야 하므로 미리 숙박 시설에 확인하는 것이 좋다.

더는 쓰지 않는 온천이나 센토를 멋진 카페로 개조한 곳도 많다. 도쿄의 마이센, 아라시야마의 사가노유, 교토의 사라사 니시진은 원래 목욕탕 모습이 대부분 남아있어 건축적인 면에서 감탄을 자아낸다. 특히 사라사 니시진에서는 다이쇼 시대(1912~1926년)의 박공지붕 입구를, 마이센에서는 쇼와 시대(1926~1989년)의 매력적인 본실을 볼 수 있다.

도쿄에 있는 스카이 더 배스하우스는 에도 시대에 문을 연 센토로, 지금은 매우 멋스럽고 현대적인 예술 공간으로 재탄생했다. 에도 시대 온천의 대표적인 특징을 모두 보고 싶다면 에도 도쿄 건축박물관에 있는 고다카라유를 방문해보자.

꼭 필요한 공간, 온천
20세기에만 해도 욕조가 없는 집이 많았다. 대신 사람들은 주로 가족 단위로 매일 동네 목욕탕을 찾았다. 목욕탕은 하루 일과를 마무리하며 몸을 깨끗이 씻고 뜨거운 물에 들어가 휴식을 취하는 곳이기도 했지만, 동네에서 일어나는 소식을 접하는 통로이기도 했다. 물론 소문이 퍼져나가는 장소이기도 했을 것이다.

온천을 찾는 이유

위 호시 온천 조주칸(102쪽)에서 미셸이 만난 매우 적극적인 사진 모델. 찰나의 순간에 수건이 등장했다.

반대쪽 위 긴잔 온천 마을(138쪽).

반대쪽 아래 온천용 나막신이 줄지어 서 있는 미나카미의 다카라가와 온천 오센카쿠(104쪽)의 모습.

누가 왜 온천을 찾을까?

이 책을 쓰면서 우리는 일본 전역에 있는 크고 작은 마을의 수많은 온천을 직접 찾아다녔다. 어떤 사람들이 어떤 이유로 특정 온천을 찾는지가 매우 흥미로웠다. 온천의 주요 고객은 동네 어르신들이었는데, 편하게 쉬면서 친구와 수다를 떨거나 혹은 아프고 쑤신 곳의 통증을 완화하기 위해 온천을 찾는 경우가 많았다. 반면 규모가 큰 대형 센토는 여러 욕탕을 즐기려는 다양한 연령층의 손님들로 붐볐다. 3대 또는 4대가 모여 하루 종일 가족과 함께 시간을 보내기도 했다.

온천 마을은 휴가 온 커플들과 하루 일과 중 하나인 목욕을 하기 위해 찾아온 동네 사람들로 가득했다. 친구들과 함께 여유롭게 온천을 즐기며 기념품을 사거나 사진을 찍고, 특별한 점심을 먹는 등 온천 나들이로 하루를 보내는 젊은 여성들도 있었다.

한번은 7월 초에 일본을 여행한 적이 있는데, 많은 젊은이가 무리 지어 온천을 그야말로 만끽하고 있었다. 대학 입학을 앞둔 여름 방학인 듯했는데, 휴식의 장소로 온천을 선택한 것이다. 여러 시설에서 학생들을 위한 특별 할인을 하고 있었다. 우리 역시 대학생 때 온천을 찾아 긴장을 풀 수 있었다면 얼마나 좋았을까라고 생각했다. 7월에 일본을 여행하다가 온천에서 학생 무리를 만나게 된다면, 그 이유를 알 수 있을 것이다. 겨울에는 스노보드나 스키를 타러 온 사람들 혹은 등산객들과 함께 온천을 즐겼다. 온천을 찾은 나이 많은 손님들은 매년 동창회 장소로 다른 온천을 고른다고 했다. 50년 우정이 고스란히 배어있는 따뜻한 이야기와 오래된 친구를 먼저 보내야 했지만 바위 위에 사진을 올려두는 등 여전히 그 친구를 위해 온천에 자리를 마련한다는 가슴 아픈 이야기를 모두 들을 수 있었다.

요컨대 온천의 손님층은 매우 다양하다. 남녀노소를 불문하고 누구나 친구 또는 가족과 함께 온천을 찾는다. 당신이 어떤 사람이든 온천에서 소외감 혹은 어색함을 느낄 걱정은 하지 않아도 된다. 우리가 그랬던 것처럼 쉽게 친구를 사귀고 다양한 사람들을 만나게 될 것이다. 한 가지 확신할 수 있는 것은, 온천에서의 경험이 평생 잊지 못하는 추억이 될 것이라는 점이다.

알몸 소통

일본어 중에 '하다카노츠키아이はだかのつきあい'라는 표현이 있는데, '알몸 상태로 친구를 사귀는 것'을 뜻한다. 일본의 기본적이고 중요한 문화인 목욕 문화를 살펴볼 때 가장 먼저 공부해야 하는 핵심적인 표현이다. 근본적으로 온천은 사회에 존재하는 벽을 허물고 사람들이 휴식을 취할 수 있도록 한다. 실오라기 하나 걸치지 않은 채로 남들 앞에서 으스대거나 잘난 척하기란 쉽지 않다. 또한 온몸이 시원해지는 뜨끈뜨끈한 물에 몸을 담그고 있으면 저절로 스트레스가 풀린다. 일본 온천은 다시 말해 장점이 여러 가지인 목욕이다. 나아가 일종의 의식이자 친목의 장인 동시에 몸을 청결하게 유지하는 방법이기도 하다.

남들 앞에 알몸을 드러내는 것을 망설이지만 가족 단위의 청결을 위한 의식인 일본식 목욕에 매료된 서양 여행자에게 '하다카노츠키아이'는 매우 흥미로운 개념이다. 교토 북쪽 끝에 있는 산 중턱 온천에서 눈 덮인 산꼭대기와 알록달록한 단풍잎, 온통 분홍색으로 물든 벚꽃 등 계절마다 바뀌는 절경을 바라보며 온갖 걱정을 흘려보내는 모습을 상상해보자. 산을 따라 연기가 피어오르고 매캐한 유황 가스 냄새가 퍼지는 화산수에 몸을 담그면 지친 팔다리가 서서히 가벼워진다. 상한 달걀 냄새가 살짝 나는 온천수는 콜레스테롤과 혈압을 낮추는 동시에 보기 흉한 뾰루지도 말끔히 없애준다. 천 년도 더 된 오두막 안 보물처럼 숨어있는 암벽 온천에 몸을 담그고 느긋하게 여유를 즐기는 동안 일상의 걱정거리가 눈 녹듯 사라지는 모습을 그려보자.

일본에서는 친목을 다지기 위해 찾는 장소가 바로 온천이다. 친구 또는 가족과 나들이 가듯 놀러 가거나 지인과 오랜만에 온천에서 만나 회포를 풀기도 한다. 우리가 방문한 온천 중 한 곳은 눈으로 뒤덮인 깊은 숲속에 자리 잡고 있어 역에서 셔틀버스를 타고 한참을 들어가야 했다. 셔틀버스는 점잖은 어르신들로 가득했다. 우리만 유일한 서양인이었다. 어르신들은 모두 유명하고 아름다운 옛 남녀 공용 온천에서 함께 주말을 보내기 위해 모인 오랜 친구이자 직장 동료들이었다.

가장 즐겁게 온천을 경험하는 방법 중 하나는 바로 유카타(가벼운 기모노)를 입은 채로 편안하고 여유롭게 여러 욕탕을 오갈 수 있는 온천 마을을 찾는 것이다. 온천 마을에서는 또한 아시유(족욕탕)나 소토유(공중목욕탕)를 쉽게 볼 수 있다. 무료로 즐길 수 있는 아시유와 달리 소토유는 이용료를 지불해야 하지만 그 금액이 100~300엔 정도로 매우 저렴하다. 이러한 욕탕은 대개 일본 마니아가 좋아할 만한 전통 분위기를 갖추고 있다. 하지만 수건과 비누가 제공되지 않으므로 꼭 따로 챙겨야 한다.

온천 예절

위 문신한 사람도 이용할 수 있는 미나카미의 다카라가와 온천 오센카쿠(104쪽).

반대쪽 아오모리의 스카유 온천(152쪽)에서 묵었던 방.

온천을 대하는 자세

우리가 온천을 처음 접한 것은 료칸에서였다. 가기 전에 인터넷으로 온천에서 지켜야 할 규칙 등을 공부한 후 각자 남탕과 여탕으로 들어섰다. 하지만 우리는 5분 후 다시 방으로 돌아와야만 했다. 유카타를 입는다는 것이 그만 원래 옷차림으로 갔기 때문이다. 유카타로 갈아입은 후 우리는 다시 욕탕으로 향했다. 사실 우리의 차림새가 어떻든 아무도 신경 쓰지 않을 테지만, 처음으로 온천을 접하는 만큼 정석을 따르기 위해 최대한 노력하는 것이 중요했다.

우리는 슈퍼 센토에서 공중목욕탕이라는 과제에 처음 도전했다. 반짝거리는 신축 욕탕이 다양하게 준비되어 있는 슈퍼 센토는 비교적 현대적이다. 실오라기 하나 걸치지 않은 채로 여러 사람과 함께 목욕해야 하지만, 동시에 모르는 사람들이라서 좀 더 편하다. 또한 타인의 시선을 걱정하지 않아도 된다. 온천을 처음 찾는 일본인도 많기 때문에 모두 남에게 폐를 끼치지 않으려고 바쁘다. 그러니 망설이지 말고 바로 목욕을 시작하면 된다. 그렇다고 온천에 뛰어드는 것은 바람직하지 않다. 온천에서 절대 하지 말아야 할 행동 중 하나이기 때문이다. 목욕하다가 실수하더라도 경험이라고 받아들이면 된다. 스티브의 경우 실내화를 신고 탈의실에 들어간 적이 있었는데, 이 역시 온천 예절에 어긋나는 행동이다. 약간의 소동이 일어났지만, 심각한 피해를 끼치지는 않았다. 스티브가 밖으로 나가 실내화를 벗어두고 '스미마센(실례합니다)'이라고 말하며 들어온 것이 다였다.

실수를 연발할 수도 있지만, 사실 온천 규칙은 간단해서 쉽게 익힐 수 있다. 처음에는 생소해도 금방 온천 전문가가 된 듯 느껴질 것이다. 어쩌면 남녀 혼탕이나 2인용 욕탕, 또는 오래된 시골 온천처럼 좀 더 아담하고 사적이지만 난이도 높은 온천에 도전할 준비가 되었다는 생각이 들 수도 있다.

공공장소에서의 알몸 노출에 대해 서양인과 일본인의 인식이 다르다고 생각할 수 있지만, 사실 따지고 보면 학교 체육관 탈의실 혹은 헬스장 샤워실에서 옷을 벗고 있는 것이나 온천에서 옷을 벗고 있는 것이나 마찬가지다. 물론 남녀 혼탕의 경우라면 불편한 상황을 맞닥뜨릴 수도 있다. 하지만 대부분 여성 전용 목욕 시간이 정해져 있거나 여성은 수건 또는 특별히 제작한 의류를 입을 수 있고 남성 역시 수건으로 민망한 부분을 가릴 수 있다. 그래도 실수가 걱정된다면 '온천 마스터하기'의 설명을 살펴보자(24쪽). 이와는 별개로 물리적인 실수를 저지르는 경우도 있다. 온천 바닥은 대개 물에 젖어 있는데다가 일부 미네랄 성분 때문에 더욱 미끄러울 수 있으므로 특히 주의를 기울여야 한다. 잘못하면 큰 부상을 입을 수도 있다. 게다가 알몸 상태에서 넘어진다면 절대 떠올리고 싶지 않은 기억이 될지도 모른다.

마지막으로 알몸으로 목욕하는 행위 자체가 정신적인 경험이 될 수 있다. 여럿이 함께 하더라도 말이다. 일본 목욕 문화를 이해하고 나면 알몸에 대한 생각과 인식이 바뀌게 된다. 즉, 타인이 나를 평가한다는 그릇된 가정에서 벗어나 알몸은 모두를 평등하게 만드는 훌륭한 방법이며 목욕이라는 의식을 따르고 온천을 즐기기 위한 부수적인 요소라는 점을 깨닫게 되는 것이다.

알몸 상태로 자연의 품에 안긴 내 모습을 머릿속에 그려보자. 부드러운 바람이 온몸을 감싸고 김이 모락모락 피어오르는 뜨거운 물이 찰랑거리며 피부에 부딪힌다. 눈앞에는 반짝거리는 겨울 설경이 광활하게 펼쳐져 있다. 가을에는 산을 따라 붉은색과 황금색 물결이 넘실댄다. 봄이 오면 새들의 노랫소리와 함께 더할 나위 없이 아름다운 새벽과 황혼이 찾아온다. 분명 인생에서 가장 큰 기쁨 중 하나일 것이며 집으로 돌아간 후에도 늘 마음속에 자리 잡는 경험이 될 것이다.

첫 온천 경험

난생 처음 목욕탕을 경험하는 서양인에게는 모든 것이 낯설고 벅찰 것이다. 모르는 사람 앞에서 벌거벗은 채로 어떻게 해야 하는지, 목욕 절차는 어떠한지 혼란스러울 것이다. 내가 무언가 잘못하고 있지는 않은지, 모두 나만 쳐다보는 것은 아닌지 걱정이 앞서는 것이 당연하다. 옷을 다 입은 채로 실수하는 것도 당황스러운데, 벌거벗은 상태에서 실수한다면 부끄러움이 두 배가 된다.

스티브: 처음 15분 정도는 탈의실과 욕탕에 아무도 없었기 때문에 침착하게 적응할 수 있었다.

미쉘: 탈의실이 사람들로 북적였기 때문에 조금 스트레스를 받았다. 목욕이 익숙한 것처럼 보이고 싶었다.

벳푸 지고쿠(벳푸 지옥)에 있는 '지옥' 사이
의 길(176쪽).

온천 기호

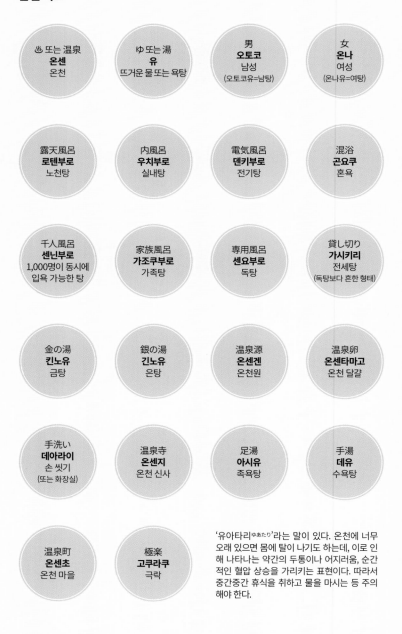

♨ 또는 温泉
온센
온천

ゆ 또는 湯
유
뜨거운 물 또는 욕탕

男
오토코
남성
(오토코유=남탕)

女
온나
여성
(온나유=여탕)

露天風呂
로텐부로
노천탕

内風呂
우치부로
실내탕

電気風呂
덴키부로
전기탕

混浴
곤요쿠
혼욕

千人風呂
센닌부로
1,000명이 동시에
입욕 가능한 탕

家族風呂
가조쿠부로
가족탕

専用風呂
센요부로
독탕

貸し切り
가시키리
전세탕
(독탕보다 흔한 형태)

金の湯
킨노유
금탕

銀の湯
긴노유
은탕

温泉源
온센겐
온천원

温泉卵
온센타마고
온천 달걀

手洗い
데아라이
손 씻기
(또는 화장실)

温泉寺
온센지
온천 신사

足湯
아시유
족욕탕

手湯
데유
수욕탕

温泉町
온센초
온천 마을

極楽
고쿠라쿠
극락

'유아타리ゆあたり'라는 말이 있다. 온천에 너무 오래 있으면 몸에 탈이 나기도 하는데, 이로 인해 나타나는 약간의 두통이나 어지러움, 순간적인 혈압 상승을 가리키는 표현이다. 따라서 중간중간 휴식을 취하고 물을 마시는 등 주의해야 한다.

문신

많은 온천에서 문신한 손님의 입장을 금한다. 일본에서 문신은 보디아트 또는 창의적인 자기표현 대신 폭력배 조직원이나 범죄가 연상되기 때문이다. 문신에 종교적 의미를 부여하거나 창의적 수단으로 여기는 문화도 있지만, 일본인의 인식은 이와는 거리가 멀다. 따라서 온천을 찾는 사람들 사이에 절묘한 균형이 필요하다. 문신이 있지만 온천 문화를 즐기기 위해 일본을 찾은 여행객들과 문신한 손님이 온천에 입장하는 것을 불편하게 생각하는 현지인들이 공존해야 하기 때문이다.

일본에서 이레즈미(문신)는 기원전 몇백 년 전까지 거슬러 올라갈 정도로 역사가 깊다. 처음에는 종교적 의미를 담아 문신을 새겼다. 하지만 시간이 흐르고 에도 시대 때 형벌로 신체 절단 대신 문신을 도입했다. 예컨대 죄를 지은 사람의 몸에 성씨와 고향, 죄명을 문신으로 새기는 것이다. 죄인에게 눈에 보이는 수치심을 주기 위해 문신을 활용했다.

주로 야쿠자들이 온몸을 문신으로 뒤덮는 경우가 많아서 문신이 야쿠자의 상징처럼 자리 잡았다. 많은 일본인이 문신한 사람의 목욕탕 출입을 꺼리는 이유도 이 때문이다. 물론 여행객이 야쿠자일 리 없다는 것을 잘 알지만, 문신이 곧 중도 좌파 혹은 비주류 성향을 나타내는 지워지지 않는 흔적이라고 여기는 것이다.

문신을 한 손님을 받는 온천과 센토도 많다. 그러나 이를 대외적으로 알리거나 안내하지는 않는다. 따라서 가고자 하는 시설이 문신한 손님을 받는지 미리 전화로 문의하는 것이 좋다. 물론 도착해서 물어봐도 되지만 실망하게 될 수도 있으니 말이다.

예전에 비해 많은 것이 달라지고 있다. 2016년 일본 정부는 목욕 시설에 문신 관련 규정을 완화하라는 지침을 전달했다. 따라서 이 책에 소개된 온천을 방문할 계획이라면 미리 확인해보는 것이 좋다. 운이 좋다면 온천의 문신 정책이 바뀌었을 수도 있다.

크기가 작은 문신은 일회용 반창고나 붕대로 가리는 것도 방법인데, 자체적으로 패치를 나누어 주는 목욕탕도 있다고 한다. 인터넷에서도 방수가 되는 커버용 스티커를 쉽게 구할 수 있다. 피부색에 맞춰 고를 수 있으므로 문신이 크지 않다면 온천 입장이 거부될까 봐 고민할 필요 없이 스티커를 활용하면 된다.

문신이 있어도 온천을 즐길 수 있는 또 다른 방법으로는 가족탕이나 독탕을 이용하는 방법이 있다. 대중 온천이나 센토는 독탕이 없는 경우가 대부분이다. 따라서 숙박하지 않아도 주간 목욕을 할 수 있는 료칸이나 호텔을 알아보는 것이 좋다. 일반적으로 비교적 저렴하고 현지인들이 많이 찾는 온천이나 센토일수록 개인용 시설이 없을 가능성이 크다.

책에 소개된 문신 입장 가능 온천: 교토의 후나오카 온천(68쪽), 교토의 우메유(69쪽), 구사츠 온천의 사이노카와라 공원(110쪽), 미나카미의 다카라가와 온천 오센카쿠(104쪽), 시라하마 온천의 사키노유(95쪽), 도쿄의 자코츠유(40쪽), 고텐바의 고텐바시온센카이칸(58쪽), 벳푸의 다케가와라 온천(179쪽).

온천과 대중문화

여러 현대 예술 작품과 소설, 심지어 비디오 게임에도 온천이 종종 등장한다. 〈센과 치히로의 행방불명〉, 〈킬빌〉, 〈동경 이야기〉와 소설 《설국》, 비디오 게임 〈페르소나〉와 〈파이널판타지〉 등을 예로 들 수 있다. 온천이 나오는 대중문화를 직접 찾아보자. 애니메이션 혹은 게임에서 온천은 주로 등장인물들이 서로 염탐하고 로맨틱한 비밀을 엿듣는 등 극적인 소동의 배경이 되거나 유쾌하고 즐거운 장소로 묘사된다.

보기만 해도 멋진 구사츠 온천의 유바타케(106쪽).

♨ 온천 초오류

욕탕 종류

온천과 센토에서 다양한 종류의 욕탕을 볼 수 있다. 뿐만 아니라 온천 마을에는 무료로 이용할 수 있는 족욕탕과 수욕탕이 있다. 풍부하고 다채로운 온천 체험을 위해 한 곳 이상의 목욕탕을 방문하는 것이 좋다. 나의 온천 취향을 알아보고 새로운 것에 도전해보자. 무엇을 하든 온천을 온전히 받아들이는 것이 중요하다.

우리는 지인 로코가 주관한 벳푸의 온천 아트 프로젝트에서 한 온천 마스터를 만났다. 그는 우리에게 98개의 알록달록한 도장이 빼곡하게 찍힌 온천 여권을 보여주었다. 우리는 목욕 의식에 따른 물의 종류, 완벽한 온도, 가장 즐거웠던 온천 경험, 공중목욕탕에서 누리는 온탕 목욕의 즐거움에 대해 이야기를 나누었다.

위 하코네에 있는 하코네유료(46쪽).

반대쪽 위 뉴토 온천 다에노유(144쪽)의 노천탕에서 본 계곡의 모습.

반대쪽 아래 벳푸 지고쿠(벳푸 지옥)의 길거리 음식(176쪽).

TV가 있는 욕탕
아이돌 그룹 멤버와 아침 방송 호스트의 스캔들 소식을 놓치지 않고 접할 수 있다.

입식 욕탕
재활에 특히 좋다.

와식 욕탕(물침대)
좌식 욕탕과 비슷하지만 누워서 목욕한다고 생각하면 된다. 편안함이 배로 늘어난다.

나무 욕탕(히노키)
깊은 산림의 향을 담은 편백나무가 감각을 자극한다.

노천탕(로텐부로)
아름다운 전망과 푸른 자연, 신선한 공기를 온몸으로 만끽할 수 있는 최고의 온천 경험을 선사한다. 그야말로 천국이다.

전기 욕탕
물속에 흐르는 미세한 전류가 지친 근육에 활기를 불어넣는다.

동굴 욕탕
분위기가 독특하고 신비롭다.

테마탕(가와리유)
색과 향이 다른 물로 욕탕을 채우거나 레몬부터 사과, 제철 꽃, 심지어 고무 오리를 물에 띄우는 등 여러 형태의 테마탕이 있다.

제트 마사지 욕탕
피곤에 지친 근육을 시원하게 마사지할 수 있다. 수중 재활 치료에도 도움 된다.

좌식 욕탕
물에 몸을 담고 전신 마사지, 등 마사지, 발 마사지를 한 번에 받는 듯한 기분이 들 정도로 편안하게 쉴 수 있다.

냉탕
사우나 후에 들어가는 것이 가장 좋다. 또는 아주 더운 날, 바가지로 냉탕 물을 퍼서 발에 끼얹을 수도 있다.

온천이 건강에 미치는 좋은 영향은 셀 수 없이 많다. 뜨거운 물에 몸을 담그는 것만으로도 편안한 휴식과 정신적 치유를 얻을 수 있을 뿐만 아니라 미네랄이 풍부한 산성 화산수가 허락하는 여러 가지 축복을 누릴 수 있다. 온천은 마음을 따뜻하게 해주고 피로 회복에도 좋다. 피부나 타박상, 몸살 및 통증을 치유해주며 스트레스와 피곤함을 완화해주기도 한다. 또한 소화 장애, 신경통, 관절염, 건선, 습진처럼 비교적 복잡한 질환에도 효능이 있다고 알려져 있다. 한 가지는 확실하다. 온천을 하고 난 후에 스트레스가 눈 녹듯 사라지고 피부가 비단처럼 부드러워진다는 점이다. 예전과는 비교할 수 없을 만큼 훨씬 더 편안하게 숙면할 수 있고 깊은 차분함과 편안함을 경험하게 될 것이다. 온천이 당신에게 좋을 수밖에 없는 이유다.

반대쪽 구사츠 온천의 고자노유(108쪽).

온천수 종류

- **단순 온천(단준온센)** 특별한 성분이 없는 온천으로, 뜨거운 물에 몸을 담그고 목욕할 때와 비슷한 효과를 기대할 수 있다. 심신 안정과 피부, 통증, 관절통 및 건강 증진에 좋다.

- **염화 온천(엔카부츠센)** 염분과 마그네슘, 염화칼슘을 함유하고 있다. 상처나 화상, 피부 질환, 부인과 질환, 근육통, 관절통에 도움 된다고 알려져 있다.

- **유황 온천(이오센)** 냄새 또는 눈으로 구분할 수 있다. 온천에 도착하는 순간 상한 달걀 냄새가 코끝을 찌르는데, 냄새만 맡아도 화산수라는 것을 알 수 있다. 불투명하고 짙은 유황 온천수는 사실 냄새는 고약해도 최상급의 수질을 자랑한다. 예로부터 기관지염, 피부결, 상처, 혈압, 관절통, 당뇨 및 피부 질환에 탁월한 것으로 유명하다. 유황 온천을 이용한 후 한결 부드러워진 피부에 깜짝 놀라게 될 것이다.

- **산성 온천(산세이센)** 산간 지대에서 볼 수 있는 화산수로, 항균 작용이 뛰어나고 피부에 좋다고 알려져 있다. 하지만 민감한 피부에는 강한 자극을 줄 수 있다. 만성 피부 질환과 만성 부인과 질환에도 효과가 있다고 알려져 있다.

- **철 온천(간테츠센)** 흔히 붉은빛이 도는 갈색 온천수를 가리켜 '금수gold water'라고 부르는데, 물속에 있는 많은 양의 철과 염분이 공기에 노출되어 산화하면서 특유의 색을 띠기 때문이다. 최고로 손꼽히는 온천수 중 하나로, 부족한 철분과 에너지를 보충해주고 빈혈 회복을 돕는다고 알려져 있다.

- **알루미늄 온천(가나루미니우무센)** 산성물이 소독 및 항균 작용을 한다. 물에서 쓴맛이 나지만 무좀이나 발진, 만성 피부염과 같은 피부 질환에 효과가 있다.

- **나트륨 탄산수소염 온천(탄산수이소엔센)** 알칼리성 물이 피부로부터 지방 세포를 씻어내기 때문에 '아름다운 피부를 위한 온천수'로 유명하다. 상처나 화상, 피부 질환 치료에도 효과가 뛰어나다.

- **알칼리 온천(비진노유)** 부드럽고 진한 온천수 덕분에 비단처럼 보드라운 피부를 갖고자 하는 사람들이 많이 찾는다. 뾰루지를 없애고 각질을 제거하기 때문에 목욕과 피부 미용을 동시에 할 수 있다.

- **황산염 온천(류산센)** 이오센보다 순하고 냄새도 덜하다. 황산염 온천은 '상처와 타박상에 좋은 온천수'로 유명하다. 화상과 동맥경화증, 심지어 탈수로 인한 변비에도 효과가 있다.

- **이산화탄소 온천(니산카탄소엔센)** 탄산수를 가리켜 '은수silver water'라고도 하는데, 독소를 제거하고 면역력을 증진시키며 순환을 촉진한다고 알려져 있다. 또한 근육통 완화와 피로 회복에도 도움 되며 혈압과 류머티즘에도 효과가 있다.

- **방사능 온천(호샤노센)** 온천수에 극소량의 방사선이 들어있어 혈액 순환과 혈압, 통풍, 류머티즘에 좋다고 알려져 있다.

온천 마스터하기

구로카와 온천에 있는 료칸 산가의 바가
지와 의자(188쪽).

온천 이용 방법

온천에 대한 설명과 이용 수칙은 어디에서나 쉽게 찾아볼 수 있다. 한눈에 들어오는 시각적 차트
나 안내서를 준비해둔 온천 역시 흔하다. 하지만 그렇다고 욕탕에 도전할 용기가 갑자기 생기는 것
은 아니다. 오히려 복잡한 규칙이 스트레스를 불러오는 경우가 많다. 기억해야 할 것들이 너무 많
은데다 실수할 것들도 너무 많기 때문이다.

사실 온천을 이용하는 방법은 생각보다 간단하다. 홀딱 벗은 채로 실수를 남발할지도 모른다는
걱정 대신 일반적인 상식과 예의에 따라 규칙을 지킨다면 자연스럽게 온천에 익숙해질 것이다. 다른
사람과 함께 하는 공동 활동이므로 타인에 대한 배려가 무엇보다도 중요하다.

온천 이용 수칙이 곧 온천이라는 장소를 소중하게 사용하고 다른 이용객의 편의를 극대화하는
방법이라고 생각한다면 한층 더 만족스럽고 즐거운 온천 경험이 될 것이다. 청결과 마음의 평안,
그리고 온화한 분위기 모두 중요한 요소다. 온천은 몸을 깨끗하게 씻는 장소일 뿐만 아니라 마음
과 영혼까지도 정화하는 곳이기 때문이다.

이제 일반적인 온천 이용 수칙과 행동 양식을 알아보자. 온천마다 차이가 있을 수는 있지만 크
게 다르지는 않을 것이다. 그래도 걱정된다면 벽에 붙어있는 안내표를 보거나 다른 사람의 행동을
곁눈질로 관찰하면 된다. 온천에서 제공하는 이용 수칙은 대개 간단명료하다. 그래서 온천에서 일
어나는 일들을 미리 예상할 수 있도록 자세한 설명을 덧붙였다.

목욕 전 준비 사항

- 대개 온천에 들어서면 가장 먼저 신발을 벗는다. 그리고 준비된 신발장에 신발을 넣은 다음 온천에서 제공하는 실내화를 신는다. 신발장은 주로 실내에 있는데, 탈의실 밖에 위치한다. 온천에 따라 이용료를 내야 하거나 보증금으로 100엔을 낸 다음 나중에 돌려받는다. 열쇠를 주는 곳도 있고 오래된 온천의 경우 나무토막을 주기도 한다. 또는 자물쇠 안으로 끼워 넣을 수 있는 금속 조각을 사용하는 곳도 있다. 실내화로 갈아 신은 후에 데스크에서 입장료를 내거나 근처에 있는 기계에서 티켓을 사면 된다.

- 온천 직원이 탈의실 입구까지 직접 안내하거나 손으로 위치를 알려준다. 일반적으로 탈의실 입구는 천으로 가려져 있는데, 대개 여자 탈의실은 분홍색 또는 붉은색 천을 사용하고 남자 탈의실은 파란색 천을 사용한다. 대부분의 경우 천에 '남자' 또는 '여자'를 뜻하는 간지(한자)가 쓰여 있으며, 아이콘이나 그림, 혹은 영어로 표시해놓기도 한다. 탈의실을 잘 구분해서 들어가는 것이 중요하다. 직원에게 추가 요금을 내면 수건이나 온천 키트를 받을 수 있는 온천도 있다.

- 탈의실에서 옷을 벗으면 된다. 옷을 제대로 입고 있는 사람, 반만 입은 사람, 홀딱 벗은 사람 등 탈의 상태가 다양한 사람들을 보게 될 것이다. 료칸이나 호텔, 슈퍼 센토를 방문했다면 유카타를 입고 있을 것이다. 유카타는 안에 속옷을 챙겨 입어야 한다. 이제 옷을 벗고 온천 키트와 옷가지를 보관함에 넣는다. 오래된 온천의 경우 여러 칸으로 나누어져 있거나 바구니를 놓은 선반이 있어 자유롭게 사용할 수 있다. 또는 세월의 흔적이 느껴지는 멋스러운 목재와 대나무 바구니를 의류 보관함으로 쓰는 전통 온천도 있는데, 그 자체만으로도 보석이나 다름없다. 옷과 함께 신발장 열쇠를 보관한다. 보관함에 자물쇠가 있다면 소지품을 모두 안에 넣고 열쇠를 잠근다. 열쇠 끝에 고리나 끈이 달려있어 발목이나 손목에 끼울 수 있다. 욕탕에 가지고 들어가는 유일한 소지품은 작은 수건이 전부다. 아마도 부끄러워하며 작은 수건으로 민망한 신체 부위를 가리게 될 것이다. 하지만 이는 전혀 창피한 일이 아니다. 놀라울 정도로 많은 현지인이 작은 수건으로 몸을 가린다.

- 어지럽히는 것은 금물이다. 탈의실은 많은 사람이 이용하는 분주한 곳이다. 수건이나 옷가지로 자리를 차지하지 않도록 주의해야 한다. 목욕 후에 옷이 젖거나 구겨지지 않도록 깔끔하게 접어서 보관한다. 속옷 역시 잘 접은 다음 겉옷 위에 가지런히 놓는다. 그 위에 수건과 세면도구를 올린다. 이렇게 하면 목욕을 마치고 보관함 문을 열었을 때 먼저 수건으로 몸을 닦고 속옷을 입은 다음 수건을 몸에 두른 상태로 드라이기로 머리를 말리거나 얼굴에 로션을 바르고 마지막으로 옷을 입을 수 있다.

- 알몸인 상태에서 몸을 구부릴 때는 항상 다른 사람을 신경 써야 한다. 물론 발에 남은 물기를 완전히 제거하는 것도 중요하지만, 항상 등이 보관함을 향하도록 몸의 위치를 잘 잡아야 한다. 온천에서 지켜야 할 예절이자 남에 대한 배려다.

- 머리카락 길이가 어깨보다 길다면 묶는 것이 좋다. 물 위에서 흐늘거리는 머리카락은 온천에서 절대 피해야 하는 행동이다. 머리카락을 깔끔하게 묶으면 온천에 들어올 때와 같은 모습으로 온천을 나갈 수 있다.

신발을 벗고
신발장에 넣는다.

↓

기계 또는
직원에게
이용료를
지불한다.

↓

성별이 표시된
천을 보고 입장한다.
여성은 女
남성은 男

↓

빈 보관함 또는
바구니를 찾는다.
옷을 벗는다.

↓

욕탕에 들어간다.
샤워를 하거나
바가지에 물을 담아
몸에 끼얹는다.

↓

편안하게
휴식을 취한다.
긴장을 푼다.
온천을 즐긴다.

↓

욕탕 밖으로
나온다.
옷을 입고
수분을 보충한다.

더운 날씨에는

날씨가 매우 더울 때는 먼저 차가운 물로 샤워한 다음 물기를 닦고 옷을 갈아입는 것이 좋다. 온도가 높을 때 뜨거운 물로 목욕하면 체온이 급격하게 올라가므로 장시간 목욕은 피하고 몸을 건조한 직후에 수분을 보충해야 한다. 종종 샤워 대신 바가지에 차가운 물을 담아 발에 끼얹은 다음 다시 차가운 물을 받아 손을 담그기도 한다.

뉴토 온천의 츠루노유(146쪽)에 있는 목욕 바가지.

샤워하기

- 진짜 재미는 욕탕에 들어선 이후부터 시작된다. 욕탕은 대개 수증기로 가득하며, 어둡고 차분한 분위기인 곳도 있고 숨을 곳 없이 탁 트이고 밝은 곳도 있다. 수도꼭지와 바가지가 가지런하게 줄지어 서 있는 곳으로 가서 아무도 쓰고 있지 않은 것을 선택한다. 모두 함께 사용하는 것이므로 맡아두거나 자리를 잡지 않도록 한다. 사용한 후에는 다른 사람을 위해 양보한다.

- 집에서는 주로 서서 샤워를 하지만, 센토나 온천에서는 앉아서 천천히 목욕한다. 칸막이로 나눠진 공간마다 의자와 바가지가 준비되어 있다. 먼저 의자에 앉기 전에 물로 깨끗이 헹군다. 수도꼭지를 한쪽으로 돌리면 샤워기로 물이 나오고 반대쪽으로 돌리면 바가지에 물을 받을 수 있다. 바가지에 물을 담아 몸에 끼얹거나 집에서 하던 것처럼 샤워기를 사용해도 좋다.

- 오래된 시설 중에는 샤워 공간이 따로 없는 곳도 있다. 이럴 때는 온천 옆에 서서 바가지에 온천수를 담아 몸에 끼얹는다. 이때 물이 깨끗한 온천 안으로 튀지 않도록 주의해야 한다. 욕탕은 하나의 커다란 습식 욕실이므로 몸을 씻은 물을 바닥으로 흘려보내면 된다. 성스러운 온천수는 늘 맑고 깨끗하게 유지하는 것이 매우 중요하다. 따라서 이러한 규칙을 잘 지키는지 확인하는 현지인들도 있으므로 주의해야 한다. 우리 역시 실수를 통해 어렵게 배운 교훈이다.

- 이제 본격적으로 몸을 씻을 차례다. 이때도 정리정돈이 필수다. 목욕용품을 사용해 몸 전체를 씻은 다음 꼼꼼하게 헹군다. 샴푸와 컨디셔너, 바디용 비누 또는 샤워젤을 제자리에 놓는다. 목욕 의자와 바가지 역시 자리에 앉기 전 상태로 돌려놓는다. 샤워장에서 온천까지 바닥이 미끄러울 수 있으니 천천히 조심해서 걷는다.

목욕하기

- 목욕장으로 들어가면 다양한 옵션이 기다리고 있는 경우도 있다. 어디서부터 시작할지 결정하기 위해 고민해야 할 것들이 많은데, 우리가 고려한 요소들은 다음과 같다.

- 날씨가 따뜻할 때는 실내탕부터 시작해 노천탕으로 마무리한다. 근육통이 있는 경우에는 제트 마사지 욕탕부터 들어갔다가 좀 더 편안한 욕탕으로 옮겨가기도 한다. 반면 추울 때는 처음부터 끝까지 노천탕에 머문다. 눈이 내리는 겨울날 야외에 마련된 따뜻한 물 안에 앉아있는 것보다 멋진 경험은 없다. 1인용이나 2인용 크기의 욕탕이 있을 경우, 가까이에 있는 대형 욕탕에서 지켜보다가 자리가 나면 곧바로 직진한다. 전기탕이 있는 곳에서는 미셸만 중간 순서쯤에 전기탕에 들어간다. 사람마다 전기탕의 자극에 대한 호불호가 다른데, 스티브에게는 맞지 않는다고 했으나 언제 그의 생각이 바뀔지도 모르는 일이다.

- 우리는 사람이 북적거리는 욕탕이나 TV가 있는 욕탕은 피하는 편이다. 항상 히노키(편백나무)탕이나 지금까지 시도해보지 않은 새로운 욕탕부터 들어간다.

- 대개 욕탕 벽에 온도가 나와 있다. 우리의 경우 날씨에 따라 결정하는데, 너무 추울 때는 냉탕을 건너뛰고 너무 더울 때는 고열탕을 피한다.

- 온천수의 향 또한 결정 요소가 될 수 있다. 온천원이 1개 이상인 경우, 더 좋은 냄새가 나는 욕탕을 선택하기도 하고 약효가 있거나 계절에 맞춰 향을 더한 이벤트탕을 찾기도 한다.

목욕 후 주의 사항

- 온천마다 몸을 단장할 수 있도록 거울이 구비된 공간이 있다. 드라이기와 얼굴크림, 머리끈, 화장솜, 빗, 헤어오일, 보습크림 등 다양한 물품이 구비되어 있는 온천도 있다. 특별히 지역에서 온천수로 만든 화장품을 선보이기도 한다. 일반적으로 온천 입장료가 비쌀수록 몸을 단장하는 공간이 더욱 호화롭다.

- 수분 보충은 필수다. 잊지 말고 목욕 전후에 물이나 음료를 마시자. 탈의실에서 식수대를 쉽게 찾아볼 수 있다. 또한 탈의실이나 그 주변에 자판기가 준비되어 있으므로 음료를 마시는 것도 좋다. 틈틈이 마실 것을 챙겨야 뜨거운 물에서 나온 후 부족한 수분과 에너지를 재충전할 수 있다.

- 과일 또한 훌륭한 보충제다. 목욕탕 앞에 작은 과일 판매대가 있는 이유도 이 때문이다. 요구르트나 녹차, 특히 지역에서 만든 맥주를 찾는 사람들도 많다. 온천에 휴게실이 있는지 꼭 찾아보고 이용해보자.

- 가장 중요한 점은 천천히 여유를 가지고 목욕하고 그 후에 특별한 계획을 잡지 않는 것이다.

해야 할 것

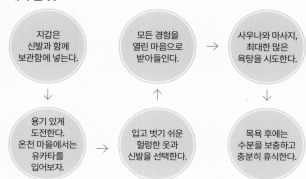

지갑은 신발과 함께 보관함에 넣는다. → 모든 경험을 열린 마음으로 받아들인다. → 사우나와 마사지, 최대한 많은 욕탕을 시도한다.

용기 있게 도전한다. 온천 마을에서는 유카타를 입어보자. → 입고 벗기 쉬운 헐렁한 옷과 신발을 선택한다. 목욕 후에는 수분을 보충하고 충분히 휴식한다.

하지 말아야 할 것

시끄러운 언행을 삼간다. 다른 사람을 보고 손으로 가리키고 웃지도 않는다. → 욕탕에서는 음식 섭취 및 휴대폰 사용을 금한다. → 욕탕에서는 머리를 빗거나 발톱을 깎지 않는다.

욕탕에 뛰어드는 것은 금물이다. 점프뿐만 아니라 수영도 금지. → 속옷을 입고 욕탕에 들어가지 않는다. 절대 용납되지 않으며 엄청난 실례다. 큰 수건을 가지고 욕탕에 들어가지 않는다. 큰 수건이 허용되는 남녀 혼탕도 있지만, 흔치 않다.

온천 분위기를 바꾸려고 하지 않는다. 분위기가 고요하거나 반대로 시끌벅적하다면 그대로 따르면 된다. 가장 좋은 경치나 욕탕 등을 독차지하지 않는다. 다른 누군가도 멋진 온천 경험을 하고 싶을 것이다. 수영복은 피한다. 수영장 시설을 갖춘 슈퍼 센토도 있지만, 별도의 안내가 없다면 알몸으로 온천을 이용한다.

작은 수건을 물에 담그거나 헹구지 않는다. → 몸에 비눗기가 남은 채로 욕탕에 들어가지 않는다. 소변을 보지 않는다. 그 밖에 상식에 어긋나는 행동은 삼간다.

온천 옷차림과 신발

- 유카타란 면으로 만든 가벼운 기모노로, 옛날부터 료칸에서 잠옷으로 입었다. 여름 축제나 온천 마을에서도 유카타를 입는다.

- 전통적으로 유카타는 흰색 또는 파란색 무늬다. 하지만 새로운 무늬와 다양한 색깔 조합이 점점 더 인기를 끌고 있다.

- 유카타를 제대로 입으려면 먼저 왼쪽 섶을 안으로 한 다음 오른쪽 섶을 덮는다.

- 추운 겨울철 또는 겉옷이 필요할 때는 유카타 위에 탄젠이나 하오리를 입기도 한다.

- 유카타 안에는 속옷만 입는다. 목 부분이 너무 느슨하지 않도록 잘 여미고 밑단 길이를 똑같이 맞춘다. 허리에 두르는 띠는 나비나 반리본 모양, 또는 매듭을 여러 번 지어 묶는다. 매듭이 앞으로 오도록 한 다음 끝 부분을 옆으로 밀어 넣는다.

- 유카타에는 게타(왜나막신) 또는 조리(일본식 샌들)가 가장 잘 어울린다.

나만의 온천 키트 만들기

많은 온천에서 수건과 온천용 작은 수건, 그 외 다양한 목욕용품을 제공한다. 숙박 시설이 따로 없는 센토나 온천의 경우 대개 저렴한 가격에 이러한 물건들을 판매한다. 그러나 나만의 온천 키트를 만드는 것도 꽤 재미있다. 직접 만든 온천 키트를 들고 탈의실로 여유롭게 걸어간다면 마치 온천 전문가처럼 보일 것이다.

그물로 만든 가방을 준비한 다음 수건과 작은 수건을 채워 넣는다. 샴푸, 컨디셔너, 보습크림 등을 작은 통에 담는다. 빗 역시 유용하다. 머리가 길다면 머리를 묶을 수 있는 준비물을 챙긴다. 헤어터번은 제멋대로인 머리가 물에 젖지 않도록 하는 데 도움 된다. 대부분의 온천 탈의실에는 드라이기가 준비되어 있다.

집에서 온천 즐기기

- 마음에 쏙 드는 유카타를 발견했다면 집으로 가져오자. 오래된 운동복 바지나 좀 먹은 티셔츠보다 훨씬 편하다.

- 일본에서는 어디서든 입욕 소금을 살 수 있다. 대개 근처 지역의 유명한 미네랄을 넣어 만든 특정 브랜드의 입욕 소금을 온천에서 판매하는데, 집에서 목욕할 때 쓰면 좋다. 참고로 입욕 소금 통에 붉은 악마가 그려져 있다면 유황이 포함되어 있다는 의미다. 이러한 제품은 화장실 냄새를 고약하게 만들기도 하지만 동시에 피부를 치유하고 부드럽게 만들어준다.

- 집에서 쓸 목욕 바가지와 의자를 마련하자. 목욕 바가지와 의자는 그냥 두기만 해도 멋진 분위기를 연출한다.

- 일본에서 만든 수건을 구입해도 좋다. 대나무와 면으로 만든 수건은 품질이 매우 뛰어나서 한 번 사용하면 다른 제품으로 바꾸고 싶다는 생각이 들지 않을 것이다.

- 기분이 좋아지는 향기로 화장실을 채워보자. 미니 버전의 이끼 정원이나 분재로 일본만의 느낌을 재현해도 좋다.

온천의 먹거리와 마실 거리

온천수에 들어있는 미네랄과 원소들은 피부에 좋을 뿐만 아니라 몸에도 이롭다. 대부분의 온천에서 뛰어난 수질의 천연 온천수를 주재료로 한 특제 먹거리를 만들어 판매한다. 온천수로 요리한 음식을 맛본 후에 깜짝 놀랄 것이다. 달걀부터 군고구마나 만두까지 믿을 수 없을 정도로 맛있다. 수제 음료와 사과즙, 사케를 선보이는 곳도 있다. 몸에 좋은 성분을 함유한 온천수 덕분에 새로운 차원의 술을 맛볼 수 있다.

온천 달걀

소박한 달걀이 땅속 깊은 곳에서 올라온 뜨거운 물을 만나면 새로운 요리로 변신한다. 완숙이나 반숙 등 식감이 다양하다. 온천 마을에서 무인 판매함을 두고 온천 달걀을 파는 것을 볼 수 있다.

반대쪽 위 구로카와 온천(186쪽)에서 파는 온천 달걀.

반대쪽 아래 빈티지 유카타와 게토 차림으로 미나카미의 다카라가와 온천 오센카쿠(104쪽)에 있는 노천 혼탕으로 향하는 미쉘의 모습.

일본 중부

一

도쿄

에도 시대 때부터 도쿄에는 온천과 동네 센토, 그리고 오랜 역사를 지닌 모임 장소들이 넘쳐 났다. 하지만 하루가 다르게 변화하면서 안타깝게도 옛날 모습 대부분이 사라져버렸다. 진화를 거듭하며 끝없이 뻗어나가는 거대 도시에 발맞추기 위해 이제 온천은 재건축 또는 리모델링, 신축 공사 등을 통해 현대적인 시설로 변모하고 있다. 역설적이게도 수돗물을 뜨겁게 데운 후 몸에 좋은 성분을 넣은 인공 온천인 센토에서 옛 분위기를 느낄 수 있다. 센토는 지금도 동네 사람들이 모여 목욕도 하고 잡담도 하는 자그마한 사랑방 역할을 한다.

그러나 수질만큼은 온천을 따라올 수 없다. 놀랍게도 도쿄에는 땅속 깊은 곳에서 끌어올린 비교 불가한 물을 자랑하는 온천이 정말 많다. 화산 활동이 일어나는 지역과 가까운데다 바다도 있어 다양한 온천수를 경험할 수 있다. 저마다 매력을 가진 천연 온천을 돌아다니며 나와 가장 잘 맞는 곳을 찾는 것도 색다른 재미다.

우리는 다양한 욕탕을 소개하기 위해 도쿄 이곳저곳에 있는 많은 욕탕을 방문했다. 좋은 곳도 있었고 놀라운 곳도 있었으며 특별한 곳도 있었다. 따라서 자신의 필요나 관심 분야에 딱 맞는 곳을 발견하게 될 것이다. 어쩌면 우리처럼 온천의 매력에 흠뻑 빠져 도쿄에 갈 때마다 온천을 찾게 될지도 모른다.

마에노하라 온천 사야노유도코로

도쿄

욕탕

- ⊘ 야외
- ⊘ 실내
- ⊗ 독탕
- ⊘ 남탕/여탕
- ⊗ 남녀 혼탕
- ⊘ 다양한 옵션
- ⊘ 전망

목욕물

- ⊘ 온천수
- ⊗ 일반

기본 정보

- ₩ 가격
- ⊗ 셔틀버스

기타 편의시설

- ⊘ 수건 사용료
- ⊘ 사우나
- ⊘ 마사지
- ⊘ 음료
- ⊘ 식사
- ⊗ 숙박

추가 정보

⇨ 〒174-0063
東京都板橋区前野町3-41-1
03-5916-3826
www.sayanoyudokoro.co.jp
월~일 10:00~익일 01:00
시무라사카우에역

마에노하라는 세련되고 현대적인 온천으로 크기는 중간 정도다. 새로 단장한 쇼와 시대 건물 안에 있는데, 건물을 둘러싼 정원이 인상적이다. 지하 1,500미터에서 온천수를 끌어오기 때문에 미네랄이 풍부한 천연 온천을 즐길 수 있다. 훌륭한 시설의 욕탕이 다양하게 준비되어 있고 이용료가 슈퍼 센토보다 훨씬 더 저렴하다. 신용카드는 받지 않는다.

제트 마사지 욕탕이 여러 개이고, 흐르는 온수 안에 앉아있을 수 있는 좌식 욕탕도 있다. 잠시 숨을 고르며 휴식을 취할 수 있는 냉탕과 실내탕도 있지만, 최고로 손꼽히는 곳은 아무래도 마법 같은 노천탕이다. 탑과 연결된 다리 아래로 유백색의 온천수가 노천탕을 가득 채우고 있다. 알몸 상태로 뜨끈뜨끈한 물 위에 놓인 암반에 누워있을 수 있는 온천 슬라브도 놓쳐서는 안 될 경험이다. 혼자서 조용히 온천을 즐기며 자연으로부터 치유받고 싶은 사람들을 위해 노란빛의 약초물을 채운 3개의 욕탕도 있다.

욕탕에 몸을 담그고 충분히 휴식한 후에는 구불구불한 쇼와 시대 복도를 따라 식당으로 향하자. 다다미가 깔린 방이 무척 아름다우며 저렴한 가격에 맛있는 음식을 먹을 수 있다. 맥주나 아이스크림을 넣은 음료도 탁월한 선택이다. 탄산음료에 체리를 얼린 얼음 조각을 넣은 알록달록한 여름 음료를 마시며 바위와 나무가 어우러진 절경을 감상해보자. 마에노하라는 우아함 그 자체를 보여주는 온천이다.

일본
중부

오에도 온천 모노가타리
도쿄

유카타를 입고 에도 시대 마을의 길거리를 거닐며 현지인들처럼 목욕탕과 술집, 식당에 들르고 싶다면, 이 슈퍼 센토가 제격이다. 당일치기로 시간을 거슬러 올라가 과거를 여행할 수 있는 곳이기 때문이다. 옛날 온천 마을을 그대로 재현한 커다란 규모의 시설에서 온천에 대한 상상을 모두 실현할 수 있다.

대표적인 길거리 음식을 전문으로 파는 식당과 축제를 보기 위해 옛 도쿄를 찾았던 방문객들이 즐겼던 놀이를 그대로 옮겨놓은 골목도 있어 색다른 재미를 제공한다. 닌자 표창 던지기에 도전하거나 점쟁이를 찾아가보자. 스포일러일 수도 있으나, 머지않은 미래에 뜨거운 물에 몸을 담그고 온천을 즐기게 될 것이다. 오에도 온천에서 평범한 욕탕을 기대했다면 다시 생각해보는 것이 좋다. 오에도 온천은 지하 1,400미터에서 끌어올린 진짜 온천수를 채운 13개의 천연 온천탕을 자랑하는데, 특히 노천탕이 훌륭하다. 당장 몸을 담그고 싶어지는 미세 거품이 나오는 실크탕과 다양하고 기본적인 실내 알칼리탕, 제트 마사지탕 등이 준비되어 있다.

유카타를 입은 채로 건물 밖으로 나가 알록달록한 조명과 일본식 정원으로 둘러싸인 족욕탕에서 친구들과 함께 사진을 찍을 수도 있다. 추가로 돈을 내고 닥터피쉬 체험을 해보는 것도 좋다. 그런 다음 각자 남탕과 여탕으로 갈라져 본격적으로 온천에 몸을 담근 후 다시 만나 음식이나 마실 거리를 즐길 수 있다.

온천 안에서 쓰는 돈은 모두 손목 밴드에 기록된다. 대략 얼마를 썼는지 기억해두는 것이 좋다. 자칫하다간 많은 돈을 쓰기 십상이다. 다른 온천에 비해 입장료가 비싼 편이지만 족욕탕과 온천, 휴게실 사용료와 유카타 및 수건 대여료가 포함되어 있다. 이 외에 음식이나 마실 것, 놀이, 암염 사우나, 마사지 등은 별도로 돈을 지불해야 한다. 거의 24시간 운영되기 때문에 나이트클럽에서 놀다가 잠시 쉬어가거나 귀국편 비행기를 타기 전 근육의 긴장을 풀기에 안성맞춤이다.

욕탕

- ⊘ 야외
- ⊘ 실내
- ⊗ 독탕
- ⊘ 남탕/여탕
- ⊗ 남녀 혼탕
- ⊘ 다양한 옵션
- ⊗ 전망

목욕물

- ⊘ 온천수
- ⊗ 일반

기본 정보

- ¥ 가격
- ⊘ 셔틀버스

기타 편의시설

- ⊗ 수건 사용료
- ⊘ 사우나
- ⊘ 마사지
- ⊘ 음료
- ⊘ 식사
- ⊗ 숙박

추가 정보

⇨ ☎ 135-0064
東京都江東区青海2-6-3
03-5500-1126
http://daiba.ooedoonsen.jp
월~일 11:00~익일 08:00
도쿄텔레포트역에서 셔틀버스 이용 또는 도쿄역·시나가와역에서 셔틀버스 이용

욕탕

- ⊘ 야외
- ⊘ 실내
- ⊗ 독탕
- ⊘ 남탕/여탕
- ⊗ 남녀 혼탕
- ⊗ 다양한 옵션
- ⊗ 전망

목욕물

- ⊘ 온천수
- ⊗ 일반

기본 정보

- ⊗ 가격
- ⊗ 셔틀버스

기타 편의시설

- ⊗ 수건 사용료
- ⊘ 사우나
- ⊘ 마사지
- ⊘ 음료
- ⊘ 식사
- ⊗ 숙박

추가 정보

⇨ ☎ 112-0003
　東京都文京区春日1-1-1
　03-5800-9999
　www.laqua.jp
　월~일 11:00~익일 09:00
　스이도바시역

스파 라쿠아
도쿄

역에서 나오자마자 가운데가 텅 빈 대관람차를 관통하는 웅장한 썬더돌핀 롤러코스터가 눈길을 사로잡는다. 마치 금방이라도 스파 라쿠아 옥상으로 돌진할 것처럼 보인다. 상상만 했던 도쿄 도심의 모습이 현실에서 생생하게 펼쳐지는 순간이다.

이곳은 옥상에 롤러코스터가 있는 스포츠 및 엔터테인먼트 복합단지와 연결된 워터테마파크다. 때문에 이곳에서 지하 1,700미터에서 끌어올린 온천수를 만날 수 있다는 사실이 이상할지도 모른다. 하지만 실내로 들어가면 마치 온천 리조트로 순간 이동한 듯 느껴질 것이다. 물론 롤러코스터가 머리 위로 바람을 가르며 지나갈 때마다 사람들의 괴성이 들리지만 말이다.

스파 라쿠아에서는 제트 마사지탕 등 다양한 욕탕을 즐길 수 있다. 또한 욕탕마다 온도가 다른데, 더운 여름날에는 22도의 차가운 냉탕이 제격이다. 샤워 시설도 잘 되어 있고 세면대도 현대식이다. 마사지를 받으면서 쉴 수 있는 공간도 있다. 놀라울 수도 있겠지만, 남성들이 알몸 상태로 돌아다니는 가운데 여성 마사지사가 마사지를 해준다. 외부에는 훌륭한 노천탕 2개와 TV가 나오는 족욕탕이 있다. 사우나 마니아라면 여러 종류의 사우나가 있는 '힐링 바덴'에 거금을 투자하는 것도 좋다.

널찍한 휴게 공간은 소파에 앉아서 쉬거나 리크라이닝 의자에서 TV를 보기에 완벽하다. 안락한 부스에서 잡지를 봐도 좋고 유자 소다 칵테일과 토스트 샌드위치, 팬케이크와 아이스크림을 사 먹어도 좋다. 무엇을 하든 우르릉거리는 롤러코스터 소리와 코 고는 소리가 간간이 들려온다. 추가로 2,000엔가량을 내면 새벽 1시 이후에도 시설을 이용할 수 있다. 퇴근 후에 과음하거나 출근 전에 잠깐 눈 붙일 곳이 필요한 사람들이 주로 이용한다. 캡슐 호텔보다 저렴하고 편안하기 때문이다.

다른 슈퍼 센토와 마찬가지로 스파 라쿠아에서는 현금을 쓰지 않는다. 구매 내역이 손목 밴드에 저장되므로 나갈 때 한꺼번에 비용을 낸다. 스파 라쿠아는 현대 도시를 체험하기에 더할나위 없이 좋은 곳이다.

도쿄 소메이 온천 사쿠라

도쿄

이상할 정도로 조용한 스가모의 뒷골목은 산책하기에 안성맞춤이다. 지조도리 상점가는 '노인들의 하라주쿠'로 불리기도 한다. 이곳에서 생각하지 못한 보물을 발견할 수도 있는데, 소메이 온천 사쿠라도 그중 하나다.

전통 일본식 정원과 짙은 색의 나무로 지은 멋스러운 외관 덕분에 잊지 못할 첫인상이 남는 곳이다. 안으로 들어가면 오래된 주변 지도와 아름다운 전통 기모노 등이 한데 모인 한 폭의 그림 같은 장면이 펼쳐진다. 전통과 평온, 아름다움, 그리고 세심한 배려를 느낄 수 있다. 눈을 감는 동시에 고요했던 옛날로 시간을 거슬러 올라간다. 벚꽃 철이 되면 온천과 이름이 같은 소메이 요시노 나무에서 분홍빛의 사쿠라(벚꽃)가 몽글몽글 피어오르는데, 바람에 흩날리는 부드러운 꽃잎이 환상적인 분위기를 완성한다.

사쿠라에서는 다양한 종류의 특급 욕탕을 즐길 수 있다. 나무로 만든 실내탕은 물 색깔이 검은색에 가까울 정도로 어둡다. 실내탕과 이어져 있는 노천탕 일부가 나무 지붕으로 가려져 있으며 그 옆으로 부드럽고 빛깔이 희뿌연 욕탕이 자리 잡고 있다. 덕분에 시간이 지날수록 피부가 한층 더 보드라워진다. 제트 마사지탕 역시 훌륭한데, TV가 있는 곳도 있다. 온천 내부에는 또한 돌 사우나, 건식 사우나, 냉탕 등이 갖추어져 있다.

나무로 만든 목욕 바가지와 고급스러운 목욕 제품을 갖춘 멋지고 세련된 온천이다. 위층에는 깔끔한 다다미 휴게실이 마련되어 있다. 대나무로 만든 발과 화덕 위에 올려놓은 짙은 색의 금속 주전자가 인상적이다. 또한 미용실도 있어 목욕 후에 한결 더 가벼워진 발걸음과 새로운 스타일을 뽐내며 집으로 향할 수 있다. 간단한 식사나 마실 것이 필요하다면 휴게실에 있는 전화기로 식당에 주문을 넣으면 된다. 또는 아래층으로 내려가 완벽하게 손질된 고요한 정원을 내려다보는 세련된 분위기의 시즌 카페에서 시간을 보내는 것도 좋다.

욕탕
- ⊘ 야외
- ⊘ 실내
- ⊗ 독탕
- ⊘ 남탕/여탕
- ⊗ 남녀 혼탕
- ⊘ 다양한 옵션
- ⊗ 전망

목욕물
- ⊘ 온천수
- ⊗ 일반

기본 정보
- ₩ 가격
- ⊘ 셔틀버스

기타 편의시설
- ⊘ 수건 사용료
- ⊘ 사우나
- ⊘ 마사지
- ⊘ 음료
- ⊘ 식사
- ⊗ 숙박

추가 정보
⇨ ₸ 170-0003
　東京都豊島区駒込5-4-24
　03-5907-5566
　www.sakura-2005.com
　월~일 10:00~23:00
　스가모역에서 셔틀버스 이용

도시마엔 니와노유

도쿄

니와노유는 땅속 깊은 곳에서 끌어올린 미네랄이 풍부한 온천수를 사용한다. 지하 1,445미터에서 끌어올린 온천수는 다양한 효능이 있는 것으로 알려져 있다. 혈액 순환을 촉진하고 상처와 타박상 회복을 도우며 피부를 비단처럼 곱게 만든다. 게다가 위치도 도심에 있어 매우 편리하다. 때문에 이 메가 온천에는 사람들의 발길이 끊이지 않는다.

온천에 준비된 여러 치유 공간은 테마파크라는 생각이 들 정도로 화려하다. 하지만 이 온천의 진짜 볼거리는 탁월한 욕탕과 훌륭한 휴게 공간이다. 또 하나의 독특한 장점이 있는데, 바로 '천연 개울'이다. 물론 천연과는 거리가 먼 인공 개울이지만 일본식으로 꾸며진 노천탕을 지나 힘차게 흐르는 개울물을 보면 진짜라고 믿고 싶어진다. 개울 밑바닥에는 잉어가 유유히 헤엄치고 있다. 당장이라도 분주한 도시의 스트레스가 눈 녹듯 사라진다. 전통 도자기인 시가라키야키로 만든 1인용 크기의 욕탕도 매우 훌륭하다. 또한 뜨거운 바위판에 누워 혈액 순환을 촉진할 수도 있다. 기분 좋게 간질거리는 거품탕에 몸을 담그고 있으면 언제 그랬냐는 듯이 근심거리가 없어진다. 수영복을 입을 수 있는 가족탕도 있는데, 수영복 대여도 해준다. 하지만 물 온도가 35도로 수영하기에는 적합하지 않다. 그보다는 체온과 비슷해 편안하게 쉬기에 완벽하다. 니와노유가 왜 인기 있는 가족 나들이 장소이자 온천 마니아가 자주 찾는 장소인지 쉽게 알 수 있을 것이다. 6시 이후에는 입장료가 훨씬 더 저렴해진다.

도쿄 시내 센토

도쿄

주로 정오 이전에는 문을 열지 않지만 밤늦게까지 영업을 하는 센토들이다. 입장료 역시 저렴한 편이다. 도쿄를 관광하느라 하루 또는 반나절 시간을 내서 유명 온천에 갈 수 없다면, 시내 뒷골 목에도 훌륭한 센토가 숨어있으니 걱정할 필요 없다. 대개 실내 공간으로 이루어져 있어 인상적 인 풍경이나 천년의 역사를 자랑하는 온천수로 채워진 아름답고 오래된 욕탕은 기대하기 어렵 다. 그러나 커피 한 잔 값도 안 되는 돈으로 도심 한가운데서 좋은 온천을 경험할 수 있다.

오모테산도에서 온종일 신나게 쇼핑한 후 시미즈유에 들러보자. 고급스러운 실내탕이 지친 근육을 시원하게 풀어준다. 아트 트라이앵글을 둘러보며 하루를 보내거나 댄스 클럽에서 밤늦 게까지 즐겁게 논 후에는 아자부주반의 다케노유를 추천한다. 현지인이 자주 찾는 센토로, 특 히 흑수탕이 유명하다. 그런가 하면 점심으로 초밥을 먹고 일본 전통 과자를 곁들인 다과를 즐 긴 후 쇼핑까지 즐겼다면, 그래픽 갤러리 근처에 있는 곤파루유로 일정을 마무리할 수 있다. 가 쿠게이다이가쿠의 세련된 뒷골목에는 알록달록하고 정신없는 다카반노유가 숨어있는데, 현지 인들에게 유명한 곳이다. 메구로도리에 있는 빈티지 가구 상점을 둘러보거나 클라스카 호텔에 서 반짝거리는 사케를 홀짝거린 후에 들르기 좋다. 마지막으로 구시대 분위기와 매력적인 인테 리어, 깨끗하고 만족스러운 욕탕을 갖춘 곳을 찾고 있다면 이나리유로 향하자. 이타바시에 위치 하고 있으며 일부러 시간을 내서 찾아갈 가치가 충분하다. 세월이 느껴지는 아름다운 나무 외관 과 티끌 하나 없는 욕탕, 후지산 그림이 그려진 타일, 나무로 만든 목욕 바가지까지 모두 특별하 다. 목욕탕을 배경으로 하는 코미디 영화 〈테르마이 로마이〉의 촬영 장소이기도 하다.

시미즈유
⇨ ☎ 107-0062
東京都港区南青山3-12-3
03-3401-4404
www.shimizuyu.jp
월~목 12:00~24:00, 토~일
12:00~23:00, 매주 금 휴무
오모테산도역

다케노유
⇨ ☎ 106-0047
東京都港区南麻布1-15-12
03-3453-1446
www.takenoyuazabu.wixsite.
com/takeno-yu
화·목·토·일 15:30~23:30, 매주
월·금 휴무
아자부주반역

곤파루유
⇨ ☎ 104-0061
東京都中央区銀座8-7-5
03-3571-5469
www002.upp.so-net.ne.jp/
konparu
월~토 14:00~22:00, 매주 일 휴무
신바시역

다카반노유
⇨ ☎ 152-0004
東京都目黒区鷹番2-2-1
03-3713-1005
www.takaban-yu.com
토~목 15:00~익일 00:30, 매주
금과 매달 첫째·셋째·다섯째 주
목 휴무
가쿠게이다이가쿠역

이나리유
⇨ ☎ 114-0023
東京都北区滝野川6-27-14
03-3916-0523
www.1010.or.jp/map/item/
item-cnt-560
목~화 14:50~익일 01:15, 매주
수 휴무
스가모신덴역

우에노 · 아사쿠사 주변 센토

도쿄

도쿄 북동쪽에 위치한 아사쿠사와 우에노는 관광객이 많이 찾는 지역이다. 웅장함이 느껴지는 센소지 사원부터 높이 치솟은 모던한 스카이트리, 널찍한 우에노 공원, 주방용품 가게가 줄지어 서 있어 모든 요리사의 꿈이라고 할 수 있는 갓파바시 거리, 끝이 보이지 않는 전통 음식 골목까지 잊지 못할 볼거리를 경험할 수 있다. 그렇기 때문에 아사쿠사와 우에노 근처에서 소규모 센토를 쉽게 찾을 수 있다는 사실이 더욱 반갑다. 현지인뿐만 아니라 관광객에게도 활짝 열려있어 구경하느라 지친 몸을 쉬게 하고 피로를 풀 수 있다. 하루 종일 도쿄를 즐긴 후 피곤한 몸을 이끌고 근처를 찾았다면, 또는 배낭 여행객을 위한 호스텔 시설이 부실하다면 매력이 넘치는 센토를 방문해보자. 마치 도쿄에 사는 사람처럼 목욕하고 휴식할 수 있다.

자코츠유는 전형적인 동네 센토 그 자체. 작지만 완벽한 분위기를 자랑한다. 도쿄 시민의 삶을 들여다볼 수 있는 곳으로 진짜 동네 온천을 경험할 수 있다. 문신한 사람도 입장할 수 있다. 머리부터 발끝까지 문신을 하고 고된 밤일 후에 뜨끈뜨끈한 물에 몸을 담근 현지인을 1명 이상 보게 될 것이다. 남탕과 여탕 사이에 있는 벽은 건너편이 보이지 않을 만큼 높지만 적당히 낮아 양쪽에서 커다란 후지산 벽화를 볼 수 있다. 내부에는 계절에 맞는 약초를 넣은 테마탕이 준비되어 있다. 또한 편안하게 쉴 수 있는 제트 마사지탕과 전기탕이 있고 알몸 상태로 자그마한 실내 잉어 연못을 구경할 수도 있다. 안으로 들어가기 전 자코츠유와 붙어있는 멋진 복고풍 세탁실에 옷을 벗어둘 수도 있다.

다이코쿠유는 위풍당당하게 서 있는 스카이트리 주변에 자리 잡은 온천이다. 규모는 크지 않아도 매력이 넘치는 곳으로 발견된 지 60년 된 우물에서 물을 끌어온다. 제트 마사지탕, 좌식탕, 허브탕, 그리고 근육 재활에 탁월한 깊이 90센티미터에 수온이 35도인 욕탕 등이 있다. 내부에는 교토 킨카쿠지와 닛코의 전원 풍경을 담은 멋진 벽화가 있어 눈길을 사로잡는다. 추가로 200엔을 내면 적외선 사우나를 이용할 수 있다. 사우나를 하고 냉탕에 들른 후 나무 데크로 나와 스카이트리의 일부분을 보며 휴식을 취하는 것도 좋다. 다이코쿠유는 스카이트리를 감상할 수 있는 몇 안 되는 공중목욕탕 중 하나다. 자코츠유와 마찬가지로 세탁실이 따로 마련되어 있다.

우에노 공원의 북서쪽에는 비교적 전통적인 로쿠류코센이 있다. 온천과 센토가 한데 섞인 시설로 1931년에 처음 문을 열었다. 그림 같은 건물 입구를 비롯해 곳곳에 원래 구조의 멋스러운 건축 요소가 아직까지 남아있다. 고혹적인 쇼와 시대 외관이 어서 들어오라고 손짓한다. 안으로 들어가면 독특한 흑수 온천을 즐길 수 있다. 커피처럼 짙은 빛깔의 온천수에서 유황 냄새가 난다. 피부에 닿는 감촉은 매우 부드럽다. 자그마한 편백탕과 제트 마사지탕, 일반탕, 그리고 수온이 45~48도인 고열탕도 있다. 로쿠류는 '여섯 마리의 용'을 뜻한다. 용의 입김에 물이 뜨겁게 끓는 것일 수도 있으므로 주의하자. 우에노에서 가볼 만한 또 다른 온천으로 건물 정면에 파란 지붕이 있는 츠바메유를 꼽을 수 있다. 실내로 들어가면 작은 바위 정원이 기다리고 있다. 보기만 해도 편안해지는 여러 개의 욕탕 위로 일본 온천의 단골 소재인 커다란 후지산 그림이 그려져 있다. 아침 6시부터 문을 열기 때문에 일찍 목욕을 즐기는 손님에게 딱 맞는 장소다.

최근 새로 단장한 미코쿠유는 초소형 온천으로 현지인들에게 인기가 많다. 남다른 매력과 스카이트리 뷰를 자랑한다. 고토부키유의 쇼와 시대 입구도 놓쳐서는 안 될 볼거리다. 욕탕 크기는 작지만 당장이라도 몸을 담그고 싶을 만큼 특별하다. 특히 약초탕은 주기적으로 약초를 번갈아 넣는다.

일본
중부

자코츠유
⇨ 폐업

〰〰〰〰〰〰〰〰〰〰〰

다이코쿠유
⇨ ☏130-0003
 東京都墨田区横川3-12-14
 03-3622-6698
 www.daikokuyu.com
 월·수~금 15:00~익일 10:00, 토
 14:00~익일 10:00, 일·공휴일
 13:00~익일 10:00, 매주 화 휴무
 도쿄 스카이트리역

〰〰〰〰〰〰〰〰〰〰〰

로쿠류코센
⇨ ☏110-0008
 東京都台東区池之端3-4-20
 03-3821-3826
 www.taito1010.com/com
 ponent/mtree/sento-list/
 rokuryu.html?Itemid=
 화~수·금~일 15:30~23:00, 매주
 월·목 휴무

〰〰〰〰〰〰〰〰〰〰〰

츠바메유
⇨ ☏110-0005
 東京都台東区上野3-14-5
 03-3831-7305
 www.taito1010.com/com
 ponent/mtree/sento-list/
 tsubame.html
 화~일 06:00~20:00, 매주 월 휴무

〰〰〰〰〰〰〰〰〰〰〰

미코쿠유
⇨ ☏130-0011
 東京都墨田区石原3-30-8
 03-3623-1695
 www.mikokuyu.com
 월~일 15:30~익일 02:00

〰〰〰〰〰〰〰〰〰〰〰

고토부키유
⇨ ☏110-0015
 東京都台東区東上野5-4-17
 03-3844-8886
 www7.plala.or.jp/iiyudana
 월~일 11:00~익일 01:30, 매월
 셋째 목 휴무

욕탕

- ⊘ 야외
- ⊘ 실내
- ⊗ 독탕
- ⊘ 남탕/여탕
- ⊗ 남녀 혼탕
- ⊘ 다양한 옵션
- ⊘ 전망

목욕물

- ⊘ 온천수
- ⊗ 일반

기본 정보

- Ⓦ 가격
- ⊗ 셔틀버스

기타 편의시설

- ⊘ 수건 사용료
- ⊘ 사우나
- ⊘ 마사지
- ⊘ 음료
- ⊘ 식사
- ⊗ 숙박

추가 정보

⇨ ☎ 193-0844
  東京都八王子市高尾町2229-7
  042-663-4126
  www.takaosan-onsen.jp
  월~일 08:00~23:00
  다카오산구치역

게이오 다카오산 온천 고쿠라쿠유

도쿄, 다카오산

장거리 기차 여행은 우리 부부가 일본에서 즐겨 하는 일들 중 하나다. 맛있는 에키벤(기차역에서 파는 도시락)과 목 넘김이 좋은 맥주에 창밖으로 끝없이 펼쳐지는 아름다운 풍경까지 더해져 한층 더 풍성한 여행이 된다. 민간 철도 회사인 게이오는 더욱 특별한 여행을 위해 주변 경관에 어울리는 멋진 온천을 직접 만들었다.

다카오산을 제대로 보려면 하루를 투자해야 한다. 오랜 역사를 간직한 근사한 곳으로, 산책을 해도 좋고 에너지가 넘친다면 등산 코스로도 손색이 없다. 맑은 날에는 후지산을 볼 수 있다. 세월이 느껴지는 리프트를 탈 수도 있다. 삐걱거리는 리프트가 우뚝 솟은 나무들 사이를 통과하며 산 위로 올라간다. 반대로 하산할 때는 놓쳐서는 안 될 멋진 전망과 멀리 떨어져 있는 도쿄 도심의 모습을 감상할 수 있다.

다카오산구치역에 내려 건축학적으로 설계한 멋진 지하차도를 따라가면 온천에 다다른다. 21세기의 새로운 요소들과 아름다운 시골 온천 경험을 선사하는 옛 요소들이 적절히 어우러져 있다. 내부 곳곳에 붙어있는 기차 시간표에도 불구하고 금방 시간 가는 것을 잊을 수도 있다.

이제 욕탕을 살펴보자. 희멀건 온천수에 미세 거품이 있는 편백나무 욕탕은 지금까지 우리가 본 것 중 최고다. 실내에는 계절마다 물 색깔이 바뀌는 테마탕이 있다. 노란빛을 띠는 나무 사우나 역시 매우 훌륭하다. 바위로 둘러싸인 노천탕은 피부를 더욱 보드랍게 만들기 위해 땅속 깊은 곳에서 끌어올린 천연 온천수를 사용한다. 델 정도로 뜨거운 온탕과 냉탕은 온천에서만 만끽할 수 있는 극단적 즐거움을 제공한다. 차례를 기다렸다가 좌식 욕탕에 도전해보자. 또는 온천 곳곳에 있는 벤치에 알몸 상태로 편안하게 앉아 휴식을 취해도 좋다. 욕탕에 앉아 주변을 둘러싼 산과 나무를 바라보면 분주한 도시가 멀게 느껴질 것이다.

다다미 휴게실과 소바 전문점, 아이스크림 및 음료 자판기 등이 있으며 열차를 그대로 옮겨 놓은 듯한 방에 마사지 공간도 마련되어 있다.

유모리노사토

도쿄, 조후

진다이지는 도쿄의 숨은 보석 같은 동네다. 나무가 많고 조용하며 신사의 모습이 마치 한 폭의 그림 같다. 도시의 일상에서 잠시 벗어나 휴식을 취할 수 있는 완벽한 장소다. 신사까지 구불구불 이어진 작은 길거리와 골목을 따라 걷다가 기념품이나 간식을 사도 좋고 평온함을 온몸으로 만끽해도 좋다. 유모리노사토는 나른한 동네 분위기에 들어맞는 곳이다. 하지만 섣부른 판단은 금물이다. 사람들의 발길이 끊이지 않는 유명한 온천이기 때문이다.

이 온천의 주인공은 단연 지하 1,500미터에서 끌어올린 살짝 향이 나는 검은 물이다. 두 손을 모으고 새까만 물을 퍼 올려보자. 이내 커피색으로 옅어지는 것을 볼 수 있다. 계단을 따라 올라가면 멋진 야외 편백 흑수탕이 있다. 높은 곳에서 고요한 숲을 내려다볼 수 있는 명당이다. 동굴 욕탕과 가장자리에 원석이 박혀 있어 인상적인 냉탕, 허브탕, 폭포수가 있는 욕탕 등을 천천히 둘러보자. 드문드문 자리 잡은 욕탕 덕분에 조용히 혼자만의 시간을 보낼 공간을 손쉽게 찾을 수 있다. 이곳에 있는 1인용 크기의 욕탕을 고에몬이라고 부르는데, 일본의 유명한 무법자 이시카와 고에몬에서 따온 이름이다. 절도와 살인 미수를 저지른 이시카와 고에몬은 그 벌로 끓는 물에 산 채로 던져졌다. 그러나 그와 똑같은 운명을 걱정할 필요는 없다. 온천에 알맞은 온도로 설정되어 있기 때문이다.

욕탕에서 나온 후 다다미 휴게실에서 일행을 만나 마당에 있는 유백색의 족욕탕에 발을 담그는 것도 좋다. 아마도 슬슬 배가 고파질 것이다. 다행히도 온천 식당에서 이 지역의 유명한 음식인 소바를 먹을 수 있다. 덕분에 유모리노사토에서의 하루가 더욱 특별해진다.

욕탕

⊘ 야외
⊘ 실내
⊗ 독탕
⊘ 남탕/여탕
⊗ 남녀 혼탕
⊘ 다양한 옵션
⊘ 전망

목욕물

⊘ 온천수
⊗ 일반

기본 정보

Ⓦ 가격
⊘ 셔틀버스

기타 편의시설

⊗ 수건 사용료
⊘ 사우나
⊘ 마사지
⊘ 음료
⊘ 식사
⊗ 숙박

추가 정보

⇨ 〒 182-0017
東京都調布市深大寺元町2-12-2
042-499-7777
www.yumorinosato.com
월~일 10:00~22:00
조후역에서 셔틀버스 이용

하코네

도심에서 빠져나와 수풀이 무성한 하코네를 방문해보자. 일본에서 가장 오래된 온천 지역 중 하나로, 자연의 아름다움을 제대로 만끽할 수 있다. 신주쿠역에서 오다큐 로망스카를 타고 1시간 25분을 달리면 이 멋진 도피지에 도착한다.

하코네를 찾은 관광객은 대개 온 김에 고라까지 다녀온다. 하코네유모토역에서 일본의 가장 오래된 산악 철도인 토잔 기차로 40분밖에 걸리지 않는다. 고라에 도착한 후에는 현기증이 나는 하코네 로프웨이 플랫폼으로 향해보자. 화산 증기를 내뿜는 가파른 산비탈을 따라 로프웨이를 타고 올라가 산 정상에 있는 오와쿠다니에 도착한다. 화산 활동 때문에 산 출입이 금지되는 시기도 있으므로 여행 당일에 확인하는 것이 좋다. 껍질이 단단해지고 색깔이 짙은 회색을 띨 때까지 유황물에서 삶은 검은 달걀이 이곳의 특산품이다.

주로 하코네에서는 온천이 있는 료칸이나 호텔에서 머문다. 하코네 그린 플라자에서는 천연 온천에 앉아 후지산의 절경을 감상할 수 있다. 하지만 진정한 온천 마니아라면 후지산이 보이지 않는 쪽이야말로 놓쳐서는 안 될 멋진 온천을 품고 있다는 사실을 알 것이다. 로망스카를 탄 관광객은 하코네유모토역에서 내리게 된다. 평화롭고 잔잔한 마을로, 하야강을 기준으로 두 지역으로 나뉜다. 불꽃에 대고 구운 쌀 과자로도 유명하지만, 황홀한 주간 온천이 곳곳에 있는 매력적인 곳이다.

추가 정보

⇨ ⓣ 250-0315
神奈川県足柄下郡箱根町塔之
澤4
0460-85-8411
www.hakoneyuryo.jp
월~금 10:00~21:00, 토~일
10:00~22:00
하코네유모토역에서 셔틀버스
이용

하코네유료
하코네유모토

하코네유모토역에서 무료 셔틀버스를 타고 구불구불하고 가파른 산길을 올라가면 하코네에서도 손꼽히는 울창한 수풀에 수줍게 숨어있는 놀랍도록 현대적이고 멋진 온천에 도착한다. 도심에서 잠시 벗어나기에 완벽한 곳으로, 일본 최고의 자연 경관에 둘러싸여 숲속에서 온천을 즐길 수 있다.

다양하고 고급스러운 노천탕 중에서도 울창한 산림 가운데 자리 잡은 공터까지 뻗어 있는 편백탕이 단연 최고다. 널찍한 암반탕도 여러 개라 느긋하게 누운 채로 곤충 소리를 들으며 하늘 높이 우뚝 솟은 나무를 감상할 수 있다. 혼자만의 공간이 필요하다면 독탕을 추천한다. 벤치 사이에 간격이 넓어 편하게 앉아 알몸 상태로 자연을 즐기기에 완벽하다.

향긋한 나뭇잎 내음과 관목 사이를 날아다니는 작고 아름다운 나비, 야외 샤워장에서 느끼는 감격스러운 자유가 어우러져 더욱 특별하고 상쾌한 삼림 온천 나들이를 완성한다. 투명한 물과 강력한 물줄기가 나오는 노즐을 갖춘 널찍한 실내탕은 커다란 창 너머로 흠잡을 데 없이 완벽한 경치를 내다보고 있다.

부끄러움이 많은 편이라면 추가 비용을 내고 독탕을 이용해도 좋다. 아지사이탕 이용료인 6,000엔가량은 결코 적은 돈이 아니다. 하지만 소중한 사람과 단둘이 아름다운 산비탈을 감상하며 노천탕을 즐길 수 있다. 로망스카에 로맨스를 불어넣을 더할 나위 없이 좋은 기회다.

덴잔토지쿄

하코네유모토

뭉게구름이 그려진 노렌(가게 출입구에 걸어놓은 천—옮긴이)을 지나 안으로 들어가면 마치 하늘로 날아오르는 기분이 든다. 푸른 나무가 빽빽한 산 위에 걸린 구름처럼 스쿠모강을 따라 천천히 온천 유토피아에 다다르면, 말로 설명할 순 없지만 스쿠모강과의 정서적 연결고리가 느껴진다.

덴잔토지쿄는 믿을 수 없을 정도로 멋스러운 동시에 소박하다. 1966년에 처음 문을 열었지만 놀랍게도 세월의 흔적이 느껴지지 않는다. 아직도 738년에 만들어진 우물에서 물을 끌어다 쓴다. 노천탕은 아름다움이 불완전과 미완성에서 비롯된다는 일본의 미적 관념인 와비사비의 완벽한 예시다. 대형을 이루고 있는 바위들과 폭포, 정원 뷰, 휴게용 오두막 등을 갖추고 있다. 특히 동굴 욕탕이 하이라이트인데, 동굴 안에서 사람들의 눈을 피해 숨어있는 작은 부처상을 발견할 수도 있다. 얼음장같이 차가운 냉탕부터 견디기 힘들 정도의 온탕까지 다양한 온도의 물이 준비되어 있다. 욕탕에 들어가기 전 발가락으로 온도를 확인해보는 것도 좋은 방법이다.

희끄무레한 편백탕과 돌로 가장자리를 마무리한 냉탕, 그리고 자그마한 언덕에 지그재그 모양을 하고 있는 2개의 욕탕(온도가 점점 올라간다)에 몸을 담근 채 탁 트인 하늘과 주변을 둘러싼 나무를 마음껏 감상할 수 있다. 샤워장은 총 2개로, 한 곳은 펌프형 바디 비누와 온도를 조절할 수 있는 수도꼭지 등 편의시설을 완벽하게 갖추고 있다. 일반 비누와 손으로 돌려서 사용하는 수도꼭지가 있는 나머지 샤워장 역시 복고 느낌이 매우 매력적이다. 이곳의 화룡점정은 바로 소금 사우나다. 다다미 바닥이 인상적인 휴게실과 식당, 멋진 기념품 가게까지 무엇 하나 빠지는 것이 없는 복합 공간이다. 우리는 기념품 가게에서 감으로 염색한 목욕 바가지를 구입했다.

지저귀는 새소리와 졸졸거리는 물소리에 귀를 기울이며 다다미방에서 쉬어도 좋고 움푹 파인 의자에 앉아 잠시 졸아도 좋다. 당일치기 온천 여행의 모든 것을 바로 이곳에서 찾을 수 있다. 복잡한 도시에서 멀리 떨어져 고요한 숲과 풀밭, 그리고 푸르른 나뭇잎으로 뒤덮인 강가에 안락하게 자리 잡은 현대판 에덴동산으로, 평온함과 자연이 완벽한 조화를 이룬다.

욕탕

⊘ 야외
⊗ 실내
⊘ 독탕
⊘ 남탕/여탕
⊗ 남녀 혼탕
⊘ 다양한 옵션
⊘ 전망

목욕물

⊘ 온천수
⊗ 일반

기본 정보

ⓦ 가격
⊗ 셔틀버스

기타 편의시설

⊘ 수건 사용료
⊘ 사우나
⊗ 마사지
⊘ 음료
⊘ 식사
⊘ 숙박

추가 정보

⇨ ☎ 250-0312
神奈川県足柄下郡箱根町湯本
茶屋208
0460-86-4126
www.tenzan.jp
월~일 09:00~23:00
하코네유모토역에서 B번 버스
탑승 후 오쿠유모토에서 하차

아타미

우리는 영화를 통해 처음으로 아타미라는 도시를 접했는데, 오즈 야스지로 감독의 고전 영화 〈동경 이야기〉를 보고 일본과 온천 문화에 푹 빠졌다. 가장 처음 방문한 온천 료칸도 아타미에 있는 곳이었다. 아타미 언덕에 자리 잡은 오래된 료칸에서 우리만의 독탕을 사용했던 호사를 절대 잊지 못할 것이다.

도쿄에서 신칸센(초고속 열차)을 타고 단거리 여행을 할 수 있는 아타미는 해변을 낀 아름다운 휴식처로, 일본에서도 최고로 손꼽히는 바닷가 온천과 해산물(특히 스시)을 자랑한다. 아타미라는 이름도 일본어로 '뜨거운 바다'라는 뜻을 가지고 있다. 이름에서 알 수 있듯이 광활한 바다를 한눈에 감상할 수 있는 곳이다.

아타미의 온천이 처음 발견된 것은 8세기 무렵이다. 도쿠가와 이에야스가 즐겼던 곳으로 유명한 이곳은 지금까지도 그 명성을 이어오고 있다. 신칸센이 도입된 60년대에 들어서면서 대표적인 온천 명소로 자리 잡은 아타미는 옛 시절 향수를 불러일으키는 도시로 여겨진다.

도쿄 근방에 당일치기 여행 장소를 찾는 사람들에게 아타미는 최고급 온천 경험을 선사한다. 특히 불꽃놀이가 인기 있는 볼거리다. 함염 온천에 몸을 담그고 화려한 불꽃이 하늘을 수놓는 모습을 바라보는 것도 정말 멋진 경험이다.

욕탕

- ⊘ 야외
- ⊘ 실내
- ⊗ 독탕
- ⊘ 남탕/여탕
- ⊗ 남녀 혼탕
- ⊘ 다양한 옵션
- ⊘ 전망

목욕물

- ⊘ 온천수
- ⊗ 일반

기본 정보

- 💴 가격
- ⊗ 셔틀버스

기타 편의시설

- ⊗ 수건 사용료
- ⊘ 사우나
- ⊗ 마사지
- ⊘ 음료
- ⊘ 식사
- ⊘ 숙박

추가 정보

- ⇨ 〒413-0012
  静岡県熱海市東海岸町3-19
  0557-86-1111
  www.micuras.jp
  월~일 14:00~19:00
  아타미역

호텔 미쿠라스

아타미

호텔 미쿠라스는 아름다운 태평양 전경을 마음껏 볼 수 있는 욕탕을 갖추고 있다. 일본에서도 손꼽힐 만한 탁 펼쳐진 바다 뷰가 훌륭하다. 여탕과 남탕이 각각 8층과 13층에 준비되어 있는데, 둘 다 결코 놓쳐서는 안 될 전망을 자랑한다.

남탕에는 안락한 전망 라운지가 있어 주변 경치를 감상할 수 있고, 여탕에는 피부 미용을 위한 특별한 목욕물이 준비되어 있다. 커다란 미용 욕탕인 오츠키노유의 물에는 규산이 풍부해 몸을 담그고 있으면 피부가 부드러워진다. 호텔 전용 온천수로 목욕을 하고 나면 믿을 수 없을 정도로 부드러운 피부를 반짝이며 아타미의 매력적인 복고풍 길거리를 활보할 수 있다.

역에서 도보로 10분 정도 떨어진 호텔 미쿠라스는 아타미의 고급 시설 중 하나로, 황홀한 해안가 경치와 더불어 불꽃놀이 명소로 손꼽힌다. 주간 목욕을 제공하는 다른 호텔과 마찬가지로 목욕과 점심으로 구성된 패키지를 판매한다. 양식을 선호하는 손님을 위해 메뉴에 와인과 프랑스 요리도 준비되어 있다.

호텔 뉴아카오
아타미

우뚝 솟은 높이가 인상적인 호텔 뉴아카오는 모든 객실과 스파가 바다를 향하고 있다. 주간 목욕을 제공하므로 숙박을 하지 않아도 호텔 뉴아카오만의 훌륭한 바다 뷰를 즐길 수 있다.

땅속 깊은 곳에서 끌어올린 호텔 전용 온천수가 널찍한 실내 및 야외 욕탕을 가득 채운다. 야외에 마련된 욕탕에서는 아무런 방해도 받지 않고 편안하게 바다를 감상할 수 있다. 또한 실내 스파에는 커다란 욕탕과 함께 제트 욕조가 준비되어 있다.

호텔 뉴아카오를 방문했을 때 우리는 바다를 내려다보고 있는 아름다운 야외 암석 노천탕으로 직진했다. 가장자리를 따라 드리워진 대발과 옅은 색 나무로 만든 기둥과 천장이 인상적인 공간으로, 말 그대로 시간 가는 줄 모르고 온천을 즐길 수 있다. 따뜻한 물에 몸을 담그고 사색하듯이 바다를 바라보며 파도 소리에 귀 기울이다 보면 평화로운 바다 풍경과 따뜻한 물에 어느새 몸이 편안해진다. 아름다운 전망과 온천수가 만나 휴식의 기쁨이 두 배로 늘어나는 셈이다.

아이들이 있다면 근처 마린 스파 아타미에 수영장이 있어 가족과 즐거운 추억을 만들기에 제격이다. 옷을 벗고 들어가는 온천과 달리 수영복을 꼭 챙겨야 한다. 아무것도 걸치지 않은 채 수영장에 들어가는 것은 실례일 뿐만 아니라 체포될 수도 있는 범법 행위니까 말이다.

욕탕
- ⊘ 야외
- ⊘ 실내
- ⊗ 독탕
- ⊘ 남탕/여탕
- ⊗ 남녀 혼탕
- ⊘ 다양한 옵션
- ⊘ 전망

목욕물
- ⊘ 온천수
- ⊗ 일반

기본 정보
- ⓦ 가격
- ⊘ 셔틀버스

기타 편의시설
- ⊗ 수건 사용료
- ⊘ 사우나
- ⊘ 마사지
- ⊘ 음료
- ⊘ 식사
- ⊘ 숙박

추가 정보
⇨ ☎ 413-8555
静岡県熱海市熱海1993-250
0557-82-5151
www.i-akao.com/newakao
스파리움 니시키 05:00~10:00,
13:30~23:00/ 스파리움 나미네 05:30~11:00, 15:00~익일
01:00
아타미역

Tip 성수기에는 주간 목욕을 제공하지 않을 수 있으므로 미리 전화해 확인하는 것이 좋다.

유야도이치반치

아타미

아타미역에서 엎어지면 코 닿을 거리에 있는 인기 온천으로, 구시대의 매력이 가득하다. 브루탈리즘이 중세 시대 원형 건축 양식과 만나 멋스러운 복고풍 건물을 완성한다. 앞으로 더욱 다양한 온천을 방문하는 것이 우리의 목표지만, 단언컨대 지금까지 경험한 온천과는 전혀 다른 이색적인 건축 양식을 자랑한다.

이곳에는 2개의 전용 온천원이 있다. 각기 다른 종류의 실내탕과 2개의 노천탕에서 최고급 온천수를 즐길 수 있다. 바쇼노유라는 이름의 노천탕에서는 아타미 길거리와 바다를 내려다볼 수 있다. 코요노유라는 노천탕은 도쿄 에도성의 돌담 재료로 사용된 것으로 유명한 이즈반도의 돌을 쌓아 만들었다.

저녁 7시가 되면 남탕과 여탕을 반대로 바꾼다. 욕탕을 둘 다 경험해보고 싶다면 늦은 시간에 방문하는 것이 좋다. 김이 모락모락 피어오르는 짭짤한 온천수는 신경통과 류머티즘을 다스린다고 알려져 있다. 또한 추위를 잘 타는 사람에게도 좋다. 알록달록하고 재미있는 실내탕도 준비되어 있다. 추가 비용을 내고 독탕에서 한층 더 고급스러운 온천 경험을 하는 것도 좋다. 독탕 이용료는 4,200엔이며 6명까지 이용할 수 있어 가족 단위의 온천객에게 안성맞춤이다.

욕탕

⊘ 야외
⊘ 실내
⊘ 독탕
⊘ 남탕/여탕
⊗ 남녀 혼탕
⊘ 다양한 옵션
⊘ 전망

목욕물

⊘ 온천수
⊗ 일반

기본 정보

ⓦ 가격
⊗ 셔틀버스

기타 편의시설

⊗ 수건 사용료
⊗ 사우나
⊗ 마사지
⊘ 음료
⊘ 식사
⊘ 숙박

추가 정보

⇨ 〒413-0005
静岡県熱海市春日町1-2
0557-81-3651
www.yuyado-ichibanchi.jp
월~일 05:00~09:30, 13:00~익일
01:00
아타미역

근방 온천

도쿄에서 1시간 30분 안에 갈 수 있는 당일 혹은 짧은 여행에 적합한 천연 온천 지역 4곳을 선정했다.

아타미와 마찬가지로 이토와 이즈, 고텐바는 시즈오카현에 속한다. 모두 아름다운 바닷가와 믿기 힘들 만큼 멋진 자연, 나아가 빼놓을 수 없는 후지산의 고장이다.

아사마산 기슭에 자리 잡은 가루이자와는 세련미를 자랑하는 온천 도피처다. 일본의 '로맨틱로드'의 일부이기도 한 이곳은 당일 여행 목적지로 완벽하다. 혹은 나가노, 구사츠 온천, 만자 온천 등을 가기 전에 잠깐 들르기에도 좋다.

아카자와히가에리온센칸

이토

누구나 그렇듯이 열탕에 몸을 담근 채로 하염없이 바다를 감상하고 싶다면, 이 온천을 추천한다. 아카자와히가에리의 커다란 노천탕을 보면 자연스레 인피니티풀이 떠오를 것이다.

바다와 하늘, 그리고 물이 만나 절경을 이룬다. 김이 피어오르는 뜨거운 물속에 앉아 경계선이 불분명한 스카이라인을 바라보며 좋은 미네랄을 온몸으로 받아들이고 도시의 분주함에 지친 몸을 완전히 쉬게 하는 동안 새로운 차원의 고요함을 느끼게 될 것이다.

남탕과 여탕은 각각 다른 층에 마련되어 있다. 매일 번갈아가며 층이 바뀌므로 입장하기 전에 반드시 확인해야 한다. 둘 다 모두 전망이 뛰어나다. 따라서 혹시 더 좋은 볼거리를 놓치지 않을까라는 걱정은 하지 않아도 된다. 심지어 사우나 시설도 갖추고 있는데, 커다란 창문 너머로 믿기 힘들 정도로 아름다운 바닷가를 마음껏 눈에 담을 수 있다. 따로 비용을 내면 독탕도 예약할 수 있다. 독탕에서 즐길 수 있는 전망을 생각하면 투자할 가치가 충분하다. 화장품 기업이 호텔을 소유하고 있어 보너스로 최고급 목욕용품이 제공된다.

나무로 뒤덮인 이즈반도의 절벽이 이미 아름다운 푸르른 절경에 상쾌한 녹색을 더한다.

욕탕

⊘ 야외
⊘ 실내
⊘ 독탕
⊘ 남탕/여탕
⊗ 남녀 혼탕
⊘ 다양한 옵션
⊘ 전망

목욕물

⊘ 온천수
⊗ 일반

기본 정보

Ⓦ 가격
⊘ 셔틀버스
⊘ 문신

기타 편의시설

⊗ 수건 사용료
⊘ 사우나
⊘ 마사지
⊘ 음료
⊘ 식사
⊘ 숙박

추가 정보

⇨ ☏ 413-0233
　静岡県伊東市赤沢170-2
　0557-53-2617
　www.izuakazawa.jp
　월~일 10:00~22:00
　이즈코겐역

아라이료칸

이즈

숙박비를 내지 않고도 전통 료칸의 아름다움과 음식, 온천, 그리고 환대를 경험하고 싶다면 장인의 손길이 느껴지는 아라이료칸을 추천한다.

세세한 부분까지 예술적 뿌리가 살아 숨 쉬는 이 오래된 료칸은 몇 세대가 지나도록 같은 집안에서 소유하고 있다. 문화재로 등록되어 있기도 한데, 특히 덴표 시대(729~749년)의 건축 양식을 따른 디자인으로 명성이 높다.

1872년부터 전설적인 가부키 배우 나카무라 기치에몬과 화가 요코야마 다이칸과 같은 뛰어난 재능을 가진 인재들의 발길이 끊이지 않는다. 예술과 창의성을 위한 공간이라고 할 수 있다. 료칸 소유의 훌륭한 예술 작품도 볼 수 있다. 목욕 전에 료칸을 둘러보며 문화생활을 만끽하는 것도 좋다.

유명한 예술가 야스다 유키히코가 디자인한 중앙탕(덴표다이요쿠도)은 곧게 선 나무 기둥과 욕탕을 둘러싼 바위가 인상적이다. 독탕 또한 감탄이 절로 나오는 현대식 건물로 나무 천장이 높아 탁 트인 느낌을 준다. 큼지막한 노천탕 고모레비노유에서는 선선한 가을날 적갈색으로 물든 단풍나무를 내려다볼 수 있다.

이렇듯 이름이 알려진 료칸 중 주간 온천객을 받는 곳은 흔치 않다. 적어도 방문 3일 전에는 미리 전화해 주간 온천 패키지를 예약해야 한다. 1인당 입장료는 6,100엔으로 매우 특별한 가격이다. 지역에서 공수한 제철 음식으로 아름답게 장식된 점심 도시락이 포함된다. 당연한 말이지만 온천도 이용할 수 있다. 또한 오전 11시 30분부터 오후 3시까지 독탕과 개인실이 준비되어 있다. 알칼리 온천이 딱딱하게 뭉친 근육을 풀어준다. 타박상이나 만성 소화불량에도 효과가 좋다.

욕탕

- ✓ 야외
- ✓ 실내
- ✓ 독탕
- ✓ 남탕/여탕
- ✗ 남녀 혼탕
- ✓ 다양한 옵션
- ✗ 전망

목욕물

- ✓ 온천수
- ✗ 일반

기본 정보

- ✓ 가격
- ✗ 셔틀버스

기타 편의시설

- ✗ 수건 사용료
- ✗ 사우나
- ✗ 마사지
- ✓ 음료
- ✓ 식사
- ✓ 숙박

추가 정보

⇨ ☎ 410-2416
静岡県伊豆市修善寺970
0558-72-2007
www.arairyokan.net
대욕장 15:00~익일 09:00
슈젠지역에서 슈젠지 온천행 버스 탑승 후 종점에서 하차

욕탕

- ⊗ 야외
- ⊘ 실내
- ⊗ 독탕
- ⊘ 남탕/여탕
- ⊗ 남녀 혼탕
- ⊗ 다양한 옵션
- ⊘ 전망

목욕물

- ⊘ 온천수
- ⊗ 일반

기본 정보

- ⓘ 가격
- ⊘ 셔틀버스
- ⊘ 문신

기타 편의시설

- ⊘ 수건 사용료
- ⊘ 사우나
- ⊘ 마사지
- ⊘ 음료
- ⊘ 식사
- ⊗ 숙박

추가 정보

⇨ ☏ 412-0023
  静岡県御殿場市深沢2160-1
  0550-83-3303
  www.gotemba-onsen.jp
  화~일 10:00~21:00, 매주 월 휴무
  고텐바역에서 셔틀버스 이용

고텐바시온센카이칸

고텐바

고텐바에서는 언제든 큰돈을 쓰지 않고도 후지산의 아름다운 절경을 감상할 수 있다.

도쿄에서 1시간 30분이면 도착할 수 있어 당일치기 여행지로 제격이다. 고텐바역에서 온천까지 셔틀버스가 다닌다. 료칸이나 디자이너 호텔이었다면 후지산을 보기 위해 엄청난 돈을 내야 했을 테지만, 이곳 온천에서는 최저 수준의 입장료로도 후지산 전경을 만끽할 수 있다.

후지산은 그야말로 신비롭다. 옅은 안개로 뒤덮여 있을 때도 있다. 하지만 운이 좋은 관광객을 위해 영롱한 자태를 허락하기도 한다. 이곳 온천에는 커다란 실내탕이 마련되어 있는데, 높이 치솟은 유리벽 너머로 일본 국보가 바로, 그것도 아주 가까이에서 보인다.

마을에 있는 3곳의 온천원에서 물을 끌어온다. 각각 알칼리 온천수, 염화황산염 온천수, 단순 온천수로 신경통, 류머티즘, 근골격계 질환, 허약한 건강에 좋다고 알려져 있다. 온천에 몸을 담그고 편안하게 쉬면서 후지산을 떠올려보자.

적시에 온천을 방문한다면 '다이아몬드 후지'를 직접 볼 수 있다. 태양이 산봉우리에 걸려 마치 반짝이는 보석처럼 보인다. 또는 청명한 가을 아침, 떠오르는 해와 함께 살랑이는 남쪽 바람이 후지산을 붉게 물들이는 '붉은 후지'를 감상할 수도 있다. 하지만 궁극적으로 보는 이에 따라 후지산에 대한 인상이 달라진다. 후지산이 일본에서 칭송받는 이유를 조금 더 잘 이해하게 될 것이다.

호시노 온천 돈보노유

가루이자와

가루이자와는 에도 시대 때 도쿄와 교토를 잇는 주요 도로 중 하나로 유명한 나카센도에 속하는데, 당시에 우편물을 배달하는 용도로 쓰였다. 지금은 특유의 아름다움을 뽐내는 문화 중심지이자 정원의 고장으로 잘 알려져 있다.

도쿄에서 1시간 30분밖에 걸리지 않는 이곳은 나무가 빽빽하게 들어선 산속에 포근하게 안겨 있다. 훌륭한 산책로와 정원, 건물, 폭포를 즐길 수 있다. 도시를 벗어나 잠시 쉴 수 있는 숲속 마을로, 문화계 인사들이 모여 자연과 예술을 논했던 곳이기도 하다. 특히 작가 기타하라 하쿠슈와 시마자키 도손은 바로 이곳에서 대표작 여러 편을 집필했다.

이 지역은 선선한 여름철 날씨로 유명하다. 6월이나 7월에 도쿄를 찾는 관광객에게는 아마도 돈보노유의 매력이 더욱 분명하게 느껴질 것이다. 반면 겨울에는 주요 스키 관광지로 변모한다.

굉장히 고급스럽고 세련된 호시노야 가루이자와 리조트의 돈보노유는 당일치기 온천 여행자에게 완벽한 곳이다. 건축가나 디자이너인 친구를 위한 인상적인 여행지를 찾고 있다면, 이곳을 추천한다.

건물 안은 선이라는 개념에서 영감을 받은 것들로 가득하다. 최고로 인정받는 화강암은 쇼도섬에서 공수해온 것으로, 온천 곳곳에 우아하게 배치되어 있다. 향이 나는 암석탕 위로 편백나무로 만든 대들보와 우뚝 솟은 나무 천장이 있다. 탕에 몸을 담그고 계절에 따라 모습이 바뀌는 무성한 숲을 바라볼 수 있다.

이곳의 염화 온천수는 고혈압과 오한, 신경통, 관절통, 피로 및 당뇨에 좋다고 알려져 있다. 온천수의 뛰어난 효능 때문에 온천객의 발길이 끊이지 않는다. 몸과 마음, 그리고 정신에 활기를 불어넣는 '명상탕'은 독특한 온천 경험을 제공한다.

욕탕

⊘ 야외
⊘ 실내
⊗ 독탕
⊘ 남탕/여탕
⊘ 남녀 혼탕
⊘ 다양한 옵션
⊘ 전망

목욕물

⊘ 온천수
⊗ 일반

기본 정보

ⓦ 가격
⊗ 셔틀버스

기타 편의시설

⊗ 수건 사용료
⊘ 사우나
⊘ 마사지
⊘ 음료
⊘ 식사
⊘ 숙박

추가 정보

⇨ ☏ 389-0111
長野県北佐久郡軽井沢町大字長倉2148
0267-44-3580
www.hoshino-area.jp/archives/area/tonbo
월~일 10:00~23:00
가루이자와역에서 버스 탑승 후 돈보노유에서 하차(투숙객은 셔틀버스 이용)

나스 온천

우리는 도쿄에서 당일 여행으로 나스 온천을 다녀왔다. 하지만 여유롭게 일정을 짤 수 있다면 하룻밤 머물면서 여러 온천을 둘러보는 것이 좋은데, 특히 오마루 온천을 추천한다.

웰빙과 값비싼 스파, 소금 스크럽, 진흙팩 등이 인기를 끌기 한참 전부터 나스는 현지인들이 많이 찾는 저렴한 온천 지역으로 유명했다. 특히 치유 효과가 뛰어난 온천수와 소박하지만 아름다운 나무 욕탕, 게다가 매력이 넘치는 시골 풍경이 온천객의 마음을 사로잡는다. 이곳에서는 우뚝 솟은 건물을 찾아볼 수 없다. 번쩍이는 간판도 화려한 기념품도 없다. 따분하고 고된 일상을 벗어나 한적한 언덕 위에서 나만을 위한 시간을 가지기에 완벽한 곳이다.

파릇파릇하고 광활한 주변 환경을 생각하면 이곳이 소로 유명하다는 사실이 놀랍지 않다. 지역 특산품으로 유제품을 판매하는데, 근처에서 만든 치즈케이크를 꼭 맛봐야 한다. 또한 나스는 이글거리는 도쿄의 여름을 피할 수 있는 완벽한 은신처. 물론 추운 겨울에도 온기를 찾아 나스를 방문해도 좋다.

나스에는 7개의 온천이 언덕 위에 흩어져있다. 일본에서 최고로 손꼽히는 온천 마을은 아니지만, 가장 훌륭한 숨은 명소임이 틀림없다. 흥미로운 역사를 가진 이 잔잔하고 평온한 지역은 당일 여행지로 손색이 없다.

나스에 온 김에 현수교와 폭포, 그리고 예스럽고 소박한 대중목욕탕이 유명한 온천 마을 시오바라에 들르는 것도 좋다. 며칠 동안 나스에서 지낼 계획이라면 잊지 말고 꼭 가보자.

나스동물왕국
⇨ ☏329-3223
　栃木県那須郡那須町大字大島
　1042-1
　0287-77-1110
　www.nasu-oukoku.com
　월~금 10:00~16:30, 토~일
　09:00~17:00
　나스시오바라역에서 버스 이용

나스동물왕국 카피바라노유
나스

자연공원을 좋아하는 사람이라면 동물을 개방 사육하는 공원인 나스동물왕국을 추천한다. 이미 경험한 적 있는 볼거리라고 생각할 수도 있지만 도착하는 순간 넘치는 귀여움을 감당할 만 반의 준비가 필요하다.

　카피바라는 쉽게 말해 큰 설치류로, 사회성이 뛰어난 동물이라 함께 모여 시간을 보내는 것을 좋아한다. 나스동물왕국에는 이 카피바라를 위한 전용 온천이 있다.

　귀엽다고 생각하기에는 아직 이르다. 진짜 귀여운 매력은 이제부터다. 남탕과 여탕으로 나누어진 온천 안에서 마찬가지로 온천을 즐기는 카피바라를 구경하며 느긋하게 시간을 보낼 수 있다. 행복이 두 배가 되는 셈이다. 다른 사람들이 자신의 알몸을 쳐다볼지도 모른다는 걱정은 버려도 좋다. 온천에서 가장 귀여운 동물은 따로 있으니 말이다.

　일본에서 이러한 온천 경험은 오직 이곳에서만 할 수 있다. 어쩌면 전 세계에서 유일무이한 곳이다. 그러니 과감하게 옷을 벗어던지고 마치 야생 동물처럼 거친 내면에 집중해보자. 잊지 못할 추억으로 남는 것은 물론이고 아이들에게도 즐거운 시간이 될 것이다.

　나스시오바라에서 셔틀버스를 타고 나스동물왕국에서 하차하면 된다. 강아지 모양의 셔틀 버스가 귀여움을 더한다. 미리 예약하는 것도 잊지 말자.

오마루온천료칸
나스

나스의 아름다운 고지에 둥지를 튼 전통 료칸으로, 일본 곳곳의 온천 마니아들이 찾을 만큼 탁월한 온천을 자랑한다. 혼탕으로 운영되는 노천탕은 료칸 깊숙이 비밀스러운 곳에 숨어있다. 강을 거슬러 천천히 올라가면 돌계단 위에 아름다운 욕탕이 자리 잡고 있다. 화산 온천수가 벽 건너편에서 욕탕 안으로 바로 흘러 들어온다. 지저귀는 새소리와 희미하게 들려오는 벌레 소리, 일정한 속도로 졸졸거리는 물소리 등 자연의 소리가 합쳐져 귀가 즐거운 사운드트랙을 완성한다.

다른 혼탕과 차이점이 있다면 이곳에서는 모든 온천객이 수건으로 몸을 가려야 한다는 것이다. 따라서 부끄러움이 많은 온천객에게 딱 맞는 장소다. 좀 더 점잖은 방법으로 온천에 몸을 담그고 걱정을 흘려보낼 수 있다. 온천수가 흘러나오는 곳에 가까울수록 뜨겁다. 따라서 적당한 온도를 찾아 편안하게 온천을 즐기면 된다.

화산수는 상처나 멍을 빨리 아물게 하고 피부를 부드럽게 한다고 알려져 있다. 하지만 가장 좋은 효능은 화산수가 주는 휴식이다. 실내 남탕에는 앞서 소개한 큼지막한 노천 혼탕을 내려다보는 커다란 창문이 있다. 2개의 여성 전용 욕탕과 그림 같은 남성 전용 노천탕이 이곳의 매력을 완성한다.

욕탕
⊘ 야외
⊘ 실내
⊗ 독탕
⊘ 남탕/여탕
⊘ 남녀 혼탕
⊘ 다양한 옵션
⊗ 전망

목욕물
⊘ 온천수
⊗ 일반

기본 정보
ⓦ 가격
⊘ 셔틀버스

기타 편의시설
⊘ 수건 사용료
⊗ 사우나
⊘ 마사지
⊘ 음료
⊘ 식사
⊘ 숙박

추가 정보
⇨ 〒 325-0301
栃木県那須郡那須町大字湯本
269
0287-76-3050
www.omaru.co.jp
월~일 11:30~15:00
나스시오바라역에서 버스 이용

시카노유
나스

1,300여 년의 역사를 자랑하는, 나스에서 가장 오래된 온천이다. 외진 곳에 있지만 훌륭한 온천을 찾는 온천 마니아라면 충분히 방문할 가치가 있다.

이곳 온천은 그야말로 훌륭하다. 온천이라는 단어가 생겨나고 인기를 끌기 훨씬 전부터 건강을 치유하기 위한 장소였다. 많은 돈을 내지 않고도 뛰어난 온천수의 효능을 경험할 수 있으며, 수수하고 소박하지만 온천 그대로의 매력이 가득하다. 가장 기억에 남는 온천 경험이 될 것이다.

이 온천을 방문했을 때 우리는 버스를 타고 언덕에서 내려 구미호의 영혼이 깃들어 있다는 살생석을 지났다. 돌을 지나자마자 진정한 온천 모험을 하고 있다는 실감이 들었다. 우리는 가파른 경사를 따라 산을 올랐다. 중간에 뱀과의 사투도 벌이고(진짜로 뱀을 보기는 했으나 사투보다는 도망에 가까웠다) 수많은 보살상이 득실거리는 오래된 목교도 건넜다. 돌계단을 오르고 나무 표지판을 지나서야 동화에 나올 법한 온천에 다다를 수 있었다.

시카는 사슴을 뜻한다. 전설에 따르면 부상을 입은 사슴이 온천에 들어갔다가 기적적으로 상처가 아물었다고 한다. 안타깝게도 기적을 직접 보기는 어려울 것이다. 하지만 뛰어난 건물과 폭포, 그리고 졸졸거리며 흐르는 강을 즐길 수 있다. 이렇듯 일본에서 가장 아름답고 독특한 온천 중 하나인 시카노유의 매력이 온천객을 맞이한다.

우리는 커피 한 잔보다 저렴한 가격으로 가장 오래되고 아름다운 온천을 경험할 수 있었다. 미쉘은 현지인들의 안내를 받아 가장 차가운 냉탕부터 가장 뜨거운 온탕까지 모두 섭렵했다. 온도가 가장 높은 욕탕은 너무 뜨거워서 발가락만 넣을 수밖에 없었다. 스티브는 처음에는 이곳을 자주 찾는 단골 온천객들의 목욕 루틴을 방해한 것이 분명하지만, 시간이 지나고 적응한 후에는 다른 온천객들과 무리 없이 어울렸다.

나무로 만든 소박한 공간에 네모난 욕탕이 정갈하게 자리 잡고 있다. 아래로 떨어지는 물기둥은 정말 매력적이다. 가부리유는 흔히 볼 수 없는 이곳의 독특한 전통이다. 바로 뜨거운 물을 머리 위로 200번 부은 다음 온탕에 들어가는 것인데, 준비 단계인 셈이다. 욕탕 온도는 델 정도로 뜨거운 물부터 피부가 녹을 것처럼 뜨거운 물까지 다양하다. 남탕 수온은 41~48도이며, 여탕의 최고 수온은 46도다. 그나마 '차가운' 탕에서 잠시 있다가 점점 더 온도가 높은 탕으로 옮겨가는 것이 요령이라면 요령이다. 스티브는 가장 처음 들어간 미지근한 욕탕에서 느긋하게 온천을 즐겼다. 그에게는 벌건 알몸으로 말도 안 되게 뜨거운 물속에 앉아있는 다른 남성들을 구경하는 편이 훨씬 더 즐거웠다.

욕탕

⊗ 야외
⊘ 실내
⊗ 독탕
⊘ 남탕/여탕
⊗ 남녀 혼탕
⊗ 다양한 옵션
⊗ 전망

목욕물

⊘ 온천수
⊗ 일반

기본 정보

① 가격
⊘ 셔틀버스

기타 편의시설

⊗ 수건 사용료
⊗ 사우나
⊗ 마사지
⊘ 음료
⊘ 식사
⊗ 숙박

추가 정보

⇨ 〒 325-0301
　 栃木県那須郡那須町大字湯本
　 181
　 0287-76-3098
　 www.shikanoyu.jp
　 월~일 08:00~18:00
　 나스시오바라역에서 버스 이용

一

교토

교토는 걸어서 탐방하기 가장 좋은 도시다. 여유 넘치는 교토의 속도에 맞춰 느긋하게 산책해도 좋고 전 세계에서 가장 정교한 절과 사원, 정원을 둘러봐도 좋다. 역사와 전통, 자연이 살아 숨 쉬는 도시가 바로 교토다. 다도, 명상, 이케바나(꽃꽂이), 서예 등 다양한 방법으로 긴장을 풀고 편안하게 예술을 즐길 수 있다. 물론 온천도 빼놓을 수 없다. 선종 사원에 들른 후 뜨뜻한 물에 몸을 담그고 차분히 명상하면 지상 낙원이 따로 없다.

교토 중심지는 사실 화산 온천수라는 축복을 받지 못한 곳이다. 하지만 근처에 있는 산간 지대인 아라시야마와 구라마, 혹은 남쪽에 자리 잡은 우지에 가면 훌륭한 온천을 경험할 수 있다. 천연 온천은 없을지 몰라도 교토에는 개성 넘치는 동네 센토가 여러 곳 있다. 후나오카나 히노데유 같은 동네 목욕탕은 100여 년의 세월 동안 고유의 매력을 간직한 채 그 자리를 지키고 있다. 이러한 시설들은 목각 장식과 무늬가 있는 타일 등 저마다의 특징을 선보인다. 대부분 규모가 작고 입장료가 저렴하며 위치가 편리하기 때문에 손쉽고 빠르게 목욕을 즐길 수 있다.

후나오카 온천

교토

역사와 향수, 그리고 알록달록한 색감이 교토에서 흥미롭기로 손꼽히는 온천 경험을 제공한다. 후나오카 온천은 신비로운 북쪽 근교 깊숙한 곳에 자리 잡고 있다. 킨카쿠지나 식물원에 먼저 들렀다가 방문하면 좋다.

　1923년 다이쇼 시대 때 처음 문을 연 이후 지금까지 손님들을 받고 있다. 일본 궁중 소속 조각가가 10년에 걸쳐 전설과 신화를 새긴 건물 정면은 일본식 장인 정신을 고스란히 보여준다. 입구에는 인상적인 박공지붕과 다양한 색깔의 노렌이 걸려있다. 바위와 수풀을 배경으로 서 있는 자전거와 모터스쿠터도 재미있는 볼거리다. 안으로 들어가면 동서양이 만나 조화를 이루는 인테리어가 눈길을 끈다. 밝은색으로 칠한 욕조와 오래된 수도꼭지, 노란색 바가지, 그리고 보랏빛을 띤 사물함이 뒤로 보이는 오래된 짙은 나무와 대조되어 복고 감성을 완성한다.

　옛 시절의 유물이야말로 후나오카만의 독특하고 가식 없는 매력이다. 아름다운 녹색 타일과 감탄이 절로 나오는 조각된 천장 역시 놓쳐서는 안 될 구경거리다. 1932년 상하이 사변 때 일본이 중국을 침략한 장면을 담은 천장 조각에 대한 논란이 있는 것은 사실이지만 말이다. 냉탕에는 사자 머리를 통해 차가운 물이 흘러나온다. 남탕과 여탕 사이에 벽이 낮아 건너편 소리가 들리기도 하는데, 즐거움과 열정이 가득한 대화에 귀 기울이는 것도 색다른 재미다. 뿐만 아니라 소박하고 정겨운 요소들을 곳곳에서 만날 수 있다.

　후나오카는 또한 최초로 전기탕을 선보인 곳이기도 하다. 잊지 말고 전기탕에 들러 미세한 전류를 직접 경험해보는 것도 좋다. 입욕식 제트 마사지탕은 온몸을 유연하게 만들어준다. 노천탕 역시 훌륭한데, 녹색 잎을 한껏 뽐내는 나무와 조각상, 그리고 폭포까지 갖추고 있다.

　TV와 소파가 놓인 휴게실은 오래된 카페를 떠올리게 하는데, 요즘 물건이라고 할 수 있는 음료 자판기가 현대적인 느낌을 더한다. 물론 목욕하면서 빠져나간 전해질의 균형을 맞추는 데도 도움이 된다. 적당히 목욕한 후에는 잠깐 거리를 산책해도 좋다. 지금은 복합 카페로 변신한 오래된 목욕탕 사라사 니시진이 근처에 있는데, 맥주와 함께 먹는 카레가 일품이다.

우메유
교토

활기왕성한 미나토 산지로는 '센토 활동가'로 잘 알려져 있다. 온천에 대해 더 알기 위해 일본에 있는 600여 개의 목욕탕을 직접 찾아다닌 것으로 유명한 그가 빛을 잃어가던 우메유를 다시 사람들 품으로 돌려준 장본인이다. 우메유의 문은 오래된 센토 애호가뿐만 아니라 새롭게 온천을 접하는 사람에게도 활짝 열려있다.

미나토 산지로 덕분에 우메유는 현지인들이 자주 찾는 새로운 사랑방으로 거듭났다. 운하 옆 뒷골목에 자리 잡은 이 아름다운 센토는 저렴하고 활기가 넘치며 문신한 손님도 자유롭게 출입할 수 있다. 야쿠자가 투자했다는 소문과 근처에 있는 유명한 '핑크(외설)' 영화관 덕분에 오히려 더 멋진 장소로 각광받는다.

외관 역시 온통 복고풍이다. 60년대 스타일의 하얀 큐브 건물 앞에 자전거가 서 있고 알록달록한 조명과 오래된 간판, 그리고 최근 행사를 홍보하는 포스터 등도 보인다. 내부로 들어가면 그동안의 세월이 물씬 느껴진다. 로비에서는 빈티지 물건을 팔기도 하고 예술 작품이나 수공예품 전시회를 열 때도 있다. 또한 고양이들의 집이기도 하다. 편안하게 쉬면서 이야기를 나누기 위해 이곳을 찾은 단골 고객들의 소통의 장이기도 하다. 심지어 엽서와 잡지도 마련되어 있다.

나무로 만든 사물함은 독창성을 뽐낸다. 탈의실에는 올이 나간 매트와 가짜 나무판이 놓여 있다. 하지만 욕탕만큼은 최신이다. 자그마한 알칼리탕과 제트 마사지탕이 준비되어 있으며 부스 크기 정도의 초소형 전기탕과 약효 사우나도 이용할 수 있다. 최소한의 목욕용품만 제공되는 이곳은 누가 봐도 호화로움과는 거리가 멀다. 하지만 대중적인 배경 음악과 오래된 영화 포스터, 복고풍의 꽃무늬 타일이 작지만 매력이 넘치는 장소를 완성한다.

욕탕

⊗ 야외
⊘ 실내
⊗ 독탕
⊘ 남탕/여탕
⊗ 남녀 혼탕
⊘ 다양한 옵션
⊗ 전망

목욕물

⊗ 온천수
⊘ 일반

기본 정보

① 가격
⊗ 셔틀버스
⊘ 문신

기타 편의시설

⊘ 수건 사용료
⊘ 사우나
⊗ 마사지
⊘ 음료
⊗ 식사
⊗ 숙박

추가 정보

⇨ ☎ 600-8115
京都府京都市下京区岩滝町175
080-2523-0626
https://mobile.twitter.com/
umeyu_rakuen
월~수 · 금 14:00~익일 02:00,
토~일 06:00~12:00, 14:00~익일 02:00, 매주 목 휴무
고조역

교토 주변 센토
교토

마을 한가운데서 진짜 센토를 경험하고 싶다면, 니시키유를 추천한다. 니시키 시장을 둘러보며 맛있는 음식을 먹고 사케도 마신 다음 모퉁이만 돌면 나오는 이 센토에서 피로를 풀 수 있다. 1926년 지어진 이후 외관과 내부가 고스란히 보존되어 전체적으로 빈티지한 느낌을 준다. 문화생활에 관심이 많은 센토 주인 덕분에 음악이나 코미디 공연 그리고 중고물품 시장이 주기적으로 열린다. 문신을 한 손님도 자유롭게 출입할 수 있고 재즈 음악도 흘러나오는 이곳의 분위기는 패나 예스럽다. 오후에 한가롭게 목욕을 즐기거나 시장에 들른 후 향하기에 안성맞춤이다.

추운 겨울날, 우리는 도지 사원에서 열리는 플리마켓을 구경한 후 뜨끈뜨끈한 물에 몸을 녹이기 위해 근처에 있는 히노데유를 찾았다. 쇼와 시대 초기에 지어진 건물 정면에 밝은색의 노렌이 걸려있는 이곳은 오랫동안 꼭 가봐야 할 센토 목록에 포함되어 있었다. 그러나 여느 센토처럼 오후 늦게 문을 열기 때문에 늘 안타깝게 방문 기회를 놓쳤다. 마침내 센토를 찾았을 때, 다양한 욕탕 덕분에 즐거운 경험을 할 수 있었다. 푸른색의 물과 목욕 바가지와 색을 맞춘 오래된 타일, 일본식 정원, 그리고 옛 시절에 대한 향수를 불러일으키는 분위기 역시 매우 좋았다. 유즈(유자)로 욕탕을 가득 채우는 유즈유 등 6월과 12월에는 특별한 이벤트를 선보인다.

교토 근방에서 가장 좋아하는 행선지를 꼽으라면 단연 우지다. 교토역에서 급행열차를 타고 15분만 가면 도착하는 우지는 이름이 잘 알려진 자그마한 마을이다. 유네스코 세계문화유산인 불교 사원 보도인을 볼 수 있을 뿐만 아니라 일본 최대의 녹차(말차) 생산지 중 하나다. 우리는 온종일 우지 길거리 곳곳을 쏘다니며 말차로 만든 소프트 아이스크림도 먹고 사원을 구경하다가 역 반대편에 자리 잡은 조그마한 센토 아리마유를 발견했다. 동네 목욕탕 분위기가 매력적인 곳으로, 티끌 하나 없이 깨끗한 욕탕에 종류 또한 매우 다양했다. 목욕을 마치고 우리는 바로 옆 일본에서 가장 오래된 찻집인 츠엔을 찾은 사람들 뒤로 줄을 섰다. 케이크와 차로 구성된 세트 메뉴를 먹으며 혈당과 전해질을 보충하니 천국이 따로 없었다.

그런가 하면 사람들의 눈을 피해 숨어있는 보석 같은 구라마유를 찾아낸 것은 정말 우연이었다. 눈이 펑펑 내리는 어느 겨울날, 우리는 교토 북쪽에 있는 우리가 가장 좋아하는 수공예 가게에 들렀다가 후나오카 온천에서 하루 일정을 마감할 생각이었다. 하지만 구라마구치역에서 내린 후 잘못된 길로 들어선 덕에 이 아기자기한 센토를 발견할 수 있었다. 현지인들이 끊이지 않고 건물로 들어가는 것을 보고는 우리도 기꺼이 동참하기로 한 것이다. 규모는 작아도 저렴하고 깨끗하다. 짧지만 강렬하게 목욕을 즐긴 후에 우리는 따뜻하고 편안한 상태로 센토를 나섰다.

니시키유

⇨ 〒604-8123
京都府京都市中京区堺町通錦
小路下ル八百屋町535
075-221-6479
www.1010.kyoto/spot/nishi
kiyu
화~일 16:00~24:00, 매주 월 휴무
시조역

히노데유

⇨ 〒601-8423
京都府京都市南区西九条唐橋
町26-6
075-691-1464
www.eonet.ne.jp/~hinodeyu
금~수 16:00~23:00, 매주 목 휴무
교토역

아리마유

⇨ 폐업

구라마유

⇨ 〒603-8146
京都府京都市北区新御霊口町
ル285-21
075-211-7020
www.1010.kyoto/spot/kuramayu1
목~화 15:00~24:00, 매주 수 휴무
구라마구치역

욕탕

- ⊘ 야외
- ⊘ 실내
- ⊗ 독탕
- ⊘ 남탕/여탕
- ⊗ 남녀 혼탕
- ⊘ 다양한 옵션
- ⊗ 전망

목욕물

- ⊘ 온천수
- ⊘ 일반

기본 정보

- Ⓦ 가격
- ⊗ 셔틀버스

기타 편의시설

- ⊘ 수건 사용료
- ⊘ 사우나
- ⊘ 마사지
- ⊘ 음료
- ⊘ 식사
- ⊗ 숙박

추가 정보

- ⇨ ☎611-0033
  京都府宇治市大久保町大竹52
  0774-41-2615
  www.genji-yu.jp
  월~금 10:00~익일 01:00, 토~일
  06:00~익일 01:00
  신덴역 또는 오쿠보역에서 도보
  로 8분

겐지노유

교토, 우지

세련된 분위기의 겐지노유는 건축적 요소를 고려해 새로 지은 건물로 목욕탕보다는 근대 미술관처럼 보인다. 무라사키 시키부가 쓴 《겐지 이야기》의 주인공이 되고 싶다면, 이곳을 추천한다. 일본에서 영웅으로 여겨지는 소설가의 첫 번째 작품이자 이를 바탕으로 한 수천 명의 등장인물이 나오는 드라마에서 이름을 따왔다. 언제 방문하든 소설에 나오는 다양한 인물을 만날 수 있다. 가족, 연인, 온천 애호가까지 완벽한 당일 여행을 위해 이곳을 찾는다.

안으로 들어서는 순간 마음이 편안해진다. 노렌이 걸려있고 벽을 따라 대나무가 곧게 서 있는 멋진 건물 정면부터 모던한 로비, 친절한 직원, 부드러운 수건을 포함한 온천 키트까지 이곳에 있는 모든 것에서 세심한 배려가 느껴진다. 또한 볼거리가 많아서 시간이 쏜살같이 지나갈 것이다. 특히 노천탕은 뉘엿뉘엿 지는 해를 보기에 더할 나위 없이 완벽하다.

남탕과 여탕은 따로 분리되어 있다. 작은 기포가 올라오는 석탄산수 욕탕에 몸을 담그고 있으면 치유 효능이 뛰어난 약초가 스트레스를 날려버린다. 커다란 노천탕에는 지하 1,000미터에서 끌어올린 뜨끈뜨끈한 천연 온천수가 흘러 들어온다. 나트륨과 염화칼슘을 함유하고 있어 피부에 좋고 관절통이나 근육통에도 탁월하다. 찌는 듯한 더위의 여름이 되면 현지인들은 겐지노유의 멋진 냉탕을 찾는다. 이 외에도 사우나 2곳과 혼자서 차분하게 목욕하고자 하는 손님을 위해 츠보유(1인용 크기의 욕조) 2개가 마련되어 있다.

목욕을 마치면 산소 부스 또는 아름다운 휴게 공간에서 숨을 고를 수 있다. 우리는 무료 혈압 측정기에도 도전했는데, 결과는 '매우 편안함' 상태였다. 시설 내부에 있는 베니야 식당에서는 일식과 한식을 제공한다. 계절에 따라 제철 음식과 현지에서 공수한 채소 및 돼지고기 요리가 일품이다. 뿐만 아니라 노천탕 옆에는 다다미 요가 매트가 깔려있다. 다행히도 요가 매트와 함께 사생활을 보호해줄 발이 쳐져 있으니 타인의 시선을 걱정하지 않아도 된다.

구라마 온천

교토, 구라마

교토 북쪽 끝자락에 있는 산속에 이 도시의 가장 비밀스러운 온천이 숨어있는데, 시내 중심가에서 1시간이 채 안 걸린다.

에이잔선 기차를 타고 운치 있는 구라마역에서 내린다. 온천 셔틀에 오르기 전 큼지막한 코가 툭 튀어나온 새빨간 천황 덴구에게 인사를 건네는 것도 잊지 말자. 무료로 운영되는 온천 셔틀을 타고 아기자기한 마을을 지나 가파른 비탈 위로 구불구불 이어지는 산길을 달리다 보면 어느새 구라마 온천 료칸 입구에 다다른다.

주간 목욕을 선택하고 료칸 입구에 신발을 맡긴 다음 밖으로 나가 돌계단을 올라간다. 연인이라면 손을 잡고 계단을 오른 후에 잠시 안녕을 고해야 한다. 분홍색 노렌은 여탕을, 파란색 노렌은 남탕을 뜻한다는 사실을 잊지 말자. 안으로 들어간 후에는 먼저 신선한 산 공기를 있는 힘껏 들이마시자. 이제 뜨끈뜨끈한 유황 온천수에 몸을 담그고 걱정을 잊어버리면 된다.

자연 속에서 옷을 벗는 것만큼 상쾌한 경험도 없을 것이다. 산들바람이 개인적인 신체 부위를 어루만지는 동안 주변 경관을 마음껏 감상해도 좋다. 삼나무가 빽빽하게 들어선 숲은 특히 새하얀 눈이 내리는 겨울이나 새파란 잎이 반짝거리는 여름에 절경을 이룬다. 당일 여행으로 부족하다는 생각이 든다면 하루이틀 정도 료칸에 묵는 것도 좋다. 뿐만 아니라 점심과 사우나, 실내탕, 휴게 공간, 유카타, 기타 편의 시설을 모두 이용할 수 있는 프리미엄 패키지도 있다.

구라마 온천은 우리에게 즐거운 추억이다. 아침 일찍 구라마에 도착한 우리는 산속에서 온천을 즐긴 다음 등산을 했다. 산을 오르는 길에 구라마데라 사원에 들른 후 점심을 먹고 기부네에 있는 사원들을 하나씩 둘러봤다. 그리고는 다시 기차에 몸을 싣고 교토로 돌아왔다.

욕탕

- ⊘ 야외
- ⊘ 실내
- ⊗ 독탕
- ⊘ 남탕/여탕
- ⊗ 남녀 혼탕
- ⊗ 다양한 옵션
- ⊘ 전망

목욕물

- ⊘ 온천수
- ⊗ 일반

기본 정보

- Ⓦ 가격
- ⊘ 셔틀버스

기타 편의시설

- ⊘ 수건 사용료
- ⊗ 사우나
- ⊘ 마사지
- ⊘ 음료
- ⊘ 식사
- ⊘ 숙박

추가 정보

⇨ ☎ 601-1111
京都府京都市左京区鞍馬本町
520
075-741-2131
www.kurama-onsen.co.jp
월~일 10:30~21:00(12~2월은
20시까지 영업)
구라마역

아라시야마 에키노아시유

교토, 아라시야마

온천 문화를 색다르게 즐길 수 있는 곳이다. 아라시야마 에키노아시유(역에 위치한 족욕탕)에서는 옷을 벗지 않고도 온천의 장점을 만끽할 수 있다.

굉장히 아기자기한 구식 전기 트램을 타고 예스러운 란덴역에 내린다. 우리가 알기로는 트램이 지나다니는 기찻길 바로 옆에 족욕탕이 있는 유일한 기차역이다. 새로 짜 넣은 자그마한 플랫폼은 오래된 교토를 한눈에 보여준다. 알록달록한 먹거리나 기념품 가판대, 스피커에서 흘러나오는 음악, 형형색색의 기모노 천 기둥이 줄지어 서 있는 것으로 유명한 기모노 숲(조명이 켜지는 밤이면 더욱 환상적이다)까지 마치 축제가 열리는 작은 마을을 찾은 듯한 기분이 든다.

카운터에서 티켓을 받은 다음 크기는 작아도 유쾌하게 손님을 맞는 신성한 조각상을 향해 걸어간다. 신발을 벗고 발을 씻은 후에 빈 나무 벤치에 앉는다. 이제 모든 준비를 마쳤으니 족욕을 하면 된다. 족욕 시간은 10분 정도가 적절하다. 수온이 40도인 온천수에는 미네랄이 풍부해 뼈마디가 쑤시는 통증을 완화하고 몸에 생기를 불어넣는다. 족욕을 하면서 충전한 에너지로 매력 넘치는 외관 곳곳을 돌아다니며 사진을 찍는 것도 필수 코스다.

아타고이케(용의 연못) 수욕 역시 즐길 수 있다. 소원을 빌면 이루어진다고 알려진 곳인데, 활기 넘치는 손과 발을 얻었으니 소원이 이미 이루어진 셈이다.

Tip 란덴 아라시야마역에서 네 정거장을 가면 아리스가와역이 나온다. 겨울에 아라시야마 에키노아시유를 방문하는 여성 온천객이라면 별도의 탈의실이 없으므로 스타킹보다는 바지를 입는 것이 좋다.

욕탕

- ✓ 야외
- ✗ 실내
- ✗ 독탕
- ✓ 남탕/여탕
- ✓ 남녀 혼탕
- ✗ 다양한 옵션
- ✓ 전망

목욕물

- ✓ 온천수
- ✗ 일반

기본 정보

- ☞ 가격
- ✗ 셔틀버스

기타 편의시설

- ✓ 수건 사용료
- ✓ 사우나
- ✗ 마사지
- ✗ 음료
- ✗ 식사
- ✗ 숙박

추가 정보

⇨ ☎616-8384
京都府京都市右京区嵯峨天龍
寺造路町
075-873-2121
www.kyotoarashiyama.jp
월~일 09:00~20:00(겨울철에는
18시까지 영업)
란덴 아라시야마역

욕탕

- ✓ 야외
- ✓ 실내
- ✕ 독탕
- ✓ 남탕/여탕
- ✕ 남녀 혼탕
- ✓ 다양한 옵션
- ✓ 전망

목욕물

- ✓ 온천수
- ✓ 일반

기본 정보

- Ⓦ 가격
- ✕ 셔틀버스

기타 편의시설

- ✓ 수건 사용료
- ✓ 사우나
- ✓ 마사지
- ✓ 음료
- ✓ 식사
- ✕ 숙박

추가 정보

⇨ ☎616-0001
  京都府京都市西京区嵐山上河
  原町 1
  075-863-1126
  www.hotespa.net/spa/fufu/
  월~일 12:00~22:00
  아라시야마역

후후노유
교토, 아라시야마

이 현대적인 온천은 아름다운 절경을 자랑하는 다리, 도게츠쿄 근처에 자리 잡고 있다. 또한 나른한 분위기의 아라시야마역에서 몇 분밖에 걸리지 않는다. 하루 종일 주변을 탐방하느라 피로에 지친 근육과 발에 생기를 불어넣기에 완벽한 장소다.

하지만 수수한 입구 외관 때문에 한눈을 팔다가는 그냥 지나쳐버리기 십상이다. 안으로 들어서면 안락한 온천이 펼쳐진다. 피부를 한결 보드랍게 가꾸어주는 유백색의 욕탕과 실내 알칼리탕, 그리고 암반으로 장식한 노천탕 주변을 녹색 나뭇잎이 에워싸고 있다.

편안하게 누워 얽히고설킨 나무 사이를 날아다니는 잠자리를 구경하기에 완벽한 온천이다. 아름답게 자리 잡은 돌 위를 뒤덮은 이끼도 눈길을 사로잡는다. 울타리 너머로 시선을 옮기면 웅장한 아라시야마가 보이고 온천 밖에 있는 다리 밑으로 폭포처럼 흐르는 강물 소리가 들린다.

목욕을 마친 후에 관광을 더 하든, 목욕으로 하루 일정을 마무리하든, 혹은 새로운 온천을 찾아 모험을 떠나든, 눈부시게 아름다운 아라시야마의 자연 속에서 실오라기 하나 걸치지 않은 채 강을 거슬러 노천탕까지 솔솔 부는 산바람을 느꼈던 추억을 평생 간직하게 될 것이다.

사가노 온천 덴잔노유

교토, 아라시야마

덴잔노유는 분주하게 돌아가는 아라시야마에서 잠시 벗어나 한 박자 쉬어갈 수 있는 온천으로, 전형적인 동네 목욕탕 분위기를 간직한 슈퍼 센토라고 보면 된다. 안에서 온천객들은 다양한 욕탕과 마사지실, 휴게실, 식당 등을 느긋하게 누비며 돌아다닌다.

실내 디자이너가 개방형 욕탕이라는 개념을 구현하기 위해 공을 들였다는 점을 쉽게 알 수 있다. 덕분에 전체 공간이 마치 멋진 야외를 배경으로 자리 잡은 온천이라는 인상을 받는다. 제트 마사지탕과 사우나, 냉탕, 아름다운 노천탕 등을 만날 수 있다. 끊임없이 흘러내려오는 물줄기 속에 앉아 커다란 TV를 볼 수 있는 욕탕 벤치도 있다. 야외에 있는 킨카쿠(철분이 풍부한 금색 온천수), 긴카쿠(수원에서 철분을 제외하고 농축한 탄소만 남긴 은색 온천수), 우타타 온탕(반신욕용), 그리고 암염 사우나에서 긴장을 풀고 온천을 즐겨보자. 1인용 크기의 욕조는 혼자만의 시간을 보낼 수 있는 완벽한 장소다.

뜨겁게 데운 구슬을 넣은 족욕탕은 처음에는 꽤 생소해 보인다. 하지만 알록달록하고 자그마한 구슬 사이로 발을 집어넣는 순간 믿을 수 없을 정도로 기분이 상쾌해진다. 이 외에도 마사지, 한국식 세신, 그리고 맛있는 일식과 양식을 파는 식당도 있다.

온천객이 안락하게 쉴 수 있도록 편안한 의자와 다다미방, 게임실, 흡연실, 만화책과 잡지가 구비된 작은 도서관도 마련되어 있다. 하루 반나절은 이곳에서 보내게 될 것이므로 추가 요금을 내고 휴게복을 빌리는 것도 좋다.

욕탕

⊘ 야외
⊘ 실내
⊗ 독탕
⊘ 남탕/여탕
⊗ 남녀 혼탕
⊘ 다양한 옵션
⊗ 전망

목욕물

⊘ 온천수
⊘ 일반

기본 정보

Ⓦ 가격
⊗ 셔틀버스

기타 편의시설

⊘ 수건 사용료
⊘ 사우나
⊘ 마사지
⊘ 음료
⊘ 식사
⊗ 숙박

추가 정보

⇨ ☎616-8315
　京都府京都市右京区嵯峨野宮
　ノ元町55-4-7
　075-882-4126
　www.ndg.jp/tenzan
　월~일 10:00~익일 01:00
　아리스가와역에서 도보로 5분

Tip 온천욕의 완벽한 마무리를 위해 새 속옷이 필요하다면 근처에 옷가게가 있으니 참고하자.

오사카

대담하고 거침없으며 다른 일본 대도시에 비해 확실히 '느슨한' 곳이 바로 오사카다. 오사카 에서는 온천 대신 일부러 '스파'라는 표현을 쓰는데, 자연의 아름다움보다는 자신을 가꾸는 것이 우선임을 알 수 있다. 온천객에게 오사카는 놀이터나 다름없다. 긴장을 풀고 생기 넘치 는 오사카의 밝은 불빛을 따라가기만 하면 된다.

오사카는 분명 온천으로 유명한 곳은 아니다. 하지만 고층 빌딩 꼭대기에 있어 머리 위로 손 을 뻗으면 비행기에 닿을 듯한 노천탕(나니와노유), 알몸으로 엘리베이터를 타고 올라가야 도 착할 수 있는 욕탕(시미즈유), 그리고 일본에서 가장 오래된 것으로 알려진 캡슐 호텔과 함께 운영되는 온천(우메다 사우나 뉴 재팬) 등 다양한 센토를 만나볼 수 있다.

오사카의 명물은 단연 길거리 음식이다. 온천을 즐긴 후에 꼭 근처 가판대에서 다코야키(반 죽에 문어를 넣어서 튀긴 음식)나 오코노미야키(양배추로 만든 짭짤한 부침개)를 먹어보자. 또는 도 톤보리에 있는 음식점이나 술집에서 하루를 마무리하는 것도 좋다.

다른 도시보다 오사카가 나은 점이 하나 있다면, 바로 오사카 주유패스다. 1일권은 2,500엔 이고 2일권은 3,300엔이다. 이 패스만 있으면 손꼽히는 스파 몇 군데를 포함한 여러 관광 명소에서 할인을 받을 수 있다.

스파 스미노에
오사카

딱히 특별한 것 없는 오사카 교외에 스포츠 관련 시설로 가득한 복합 단지가 있다. 바로 이곳에 친숙한 분위기의 모던한 온천이 자리 잡고 있다.

제트 마사지탕부터 와식 욕탕, 노천탕까지 다양한 욕탕이 온천객을 맞이한다. 날씨가 포근한 날에는 수온을 34도로 유지하는 욕탕이 특히 개운하다. 번갈아가며 남탕과 여탕의 위치를 바꾸는데, 한 곳은 모리노츠보유(숲속 냄비 욕탕)라고 부르고 다른 한 곳은 다케바야시노유(대나무 숲 욕탕)라고 부른다. 둘 다 고요하고 아름다운 풍경을 자랑한다. 야외에 있는 욕탕에 몸을 담그고 있으면 자연의 품에 안겨 있는 듯한 기분이 들어 오사카 교외 한가운데에 있다는 사실이 믿기지 않는다. 지하 700미터에서 끌어올린 온천수를 사용하며, 효능이 다양하다고 알려져 있다. 스미노에는 전반적으로 치유에 탁월하다. 하지만 재활 시설도 잘 되어 있고 장애를 가진 사람도 쉽게 이용할 수 있다. 오사카 주유패스가 있는 온천객은 무료로 입장할 수 있다.

미쉘의 이야기

스미노에는 지금까지 가봤던 온천 중 가장 독특한 곳으로, 친구들에게 온천 경험에 대해 이야기할 때면 항상 빠지지 않는 곳이다.

나는 노천탕에 들어가 눈을 감고 쉬고 있었다. 갑자기 소란스러운 소리가 들려 눈을 떠보니 욕탕 주변에 있던 모든 여자 손님들이 메인 노천탕으로 들어가는 것이 보였고, 나도 따라 들어갔다. 비좁은 탕 안에서 커다란 나무바가지를 든 여자가 꿀을 퍼서 사람들에게 나눠주기 시작했다. 너도나도 줄을 섰고 나 역시 꿀을 받기 위해 두 손을 오므리고 기다렸다. 그때 등 뒤로 꿀이 흘러내리는 것이 느껴졌고 이내 나무바가지를 든 여자가 내 위로 꿀을 붓더니 문지르기 시작했다. 그러자 주변에 있던 여자 손님들도 내 등과 팔목에 꿀을 열심히 문질렀다.

'가와리유'라고도 부르는 이 목욕 방법은 3시간에 한 번만 경험할 수 있다. 내가 운이 좋았던 것이다. 꿀을 바른 피부는 전과 비교할 수 없게 부드러웠다. 정말 흥미로운 경험이었다.

스파 월드

오사카

스파 월드는 온천의 21세기형 블록버스터급 디즈니랜드라고 할 수 있다. 전형적인 온천 경험과는 동떨어진 색다른 추억을 쌓게 될 것이다. 이곳에서는 말도 안 되는 엄청난 규모의 일들이 벌어지는데, 두 눈으로 직접 보기 전에는 믿기 힘들다. 세상과 시간대를 넘나들면서 가장 마음에 드는 공간을 찾고 나만의 모험에 나서보자.

고대 로마와 그리스 욕탕, 이슬람 욕탕, 심지어 아틀란티스 욕탕 등 여러 테마탕을 갖춘 스파 월드는 다채로운 가상공간 투어를 선보인다. 우리는 기본에 충실한 아시아 욕탕이 가장 마음에 들었다. 그러나 진지한 태도로 온천을 찾은 것인지 혹은 모험이 가득한 경험을 원하는지에 따라 선호하는 욕탕이 달라진다. 사우나 시설 역시 다양한 옵션을 제공한다. 핀란드식 또는 터키식 스팀 사우나를 경험해보자. 아니면 소금 사우나나 진흙 사우나도 좋다. 어디든 현실과 똑같이 재현되어 있어 취향에 따라 바이킹에서 사무라이로, 또는 로마 왕으로 변신할 수 있다.

한 달 주기로 남탕과 여탕의 위치가 바뀐다는 것을 기억하자. 따라서 특정 욕탕을 경험해보고 싶다면, 방문하는 날짜에 이용할 수 있는지 미리 확인하는 것이 좋다. 다양한 방법으로 온천수에 걱정거리를 흘려보낼 수 있을 뿐더러 온종일 격한 즐거움을 만끽할 수 있다. 어서 타임머신의 문을 열고 안으로 들어가 보자.

욕탕
⊗ 야외
⊘ 실내
⊗ 독탕
⊘ 남탕/여탕
⊗ 남녀 혼탕
⊘ 다양한 옵션
⊗ 전망

목욕물
⊗ 온천수
⊘ 일반

기본 정보
💰 가격
⊗ 셔틀버스

기타 편의시설
⊗ 수건 사용료
⊘ 사우나
⊘ 마사지
⊘ 음료
⊘ 식사
⊗ 숙박

추가 정보
⇨ ☎ 556-0002
大阪府大阪市浪速区恵美須東
3-4-24
06-6631-0001
www.spaworld.co.jp
월~일 10:00~익일 08:45
신이마미야역 또는 덴노지역

Tip 스파 월드에서는 오사카 주유패스로 요금 할인을 받을 수 있다.

아리마 온천

1,000년이 넘는 역사를 자랑하는 아리마 온천은 도고와 시라하마와 함께 일본에서 가장 오래된 온천이라는 자부심을 갖고 있다. 온천객의 발길이 끊이지 않는 곳으로 언덕에 자리 잡고 있다. 동네 한 바퀴를 산책하면 전부 구경할 수 있을 정도로 자그마한 마을이다. 교토에서 기차로 1시간 조금 넘게 걸리기 때문에 당일치기 여행지로 안성맞춤이다. 기차 노선이 잘 되어 있어 이용하기 편리하다. 작고 아기자기한 아리마는 매력적인 분위기로 관광객의 마음을 사로잡는다. 김이 피어오르는 황금색 물이 움푹 파인 수로를 따라 시내 중심지를 관통한다. 마을 곳곳에 흩어져 있는 뜨끈뜨끈한 온천지와 배관, 배수로마다 지하 깊은 곳에서 끌어올린 온천수가 기포를 내며 끓어오른다. 온천수에는 철분이 풍부하다.

매력이 넘치는 좁은 길거리를 따라 동네를 산책해보자. 목욕탕에 들러도 좋고 간식을 먹거나 기념품을 사도 좋다. 오랜 전통을 자랑하는 인형붓과 탄산이 들어있는 마을 온천수로 만든 납작한 센베이 과자가 유명하다. 단바 검은콩 빵과 온천 소금을 넣은 아리마 롤케이크도 인기 있는 먹거리다. 유명한 지역산 고베 소고기는 거의 모든 메뉴에 등장하는 이곳의 특별 요리다. 아리마 입욕 소금도 잊지 말자. 집에서도 나만의 황금 온천을 재현할 수 있다.

아리마 주변 온천

아리마 온천

킨노유
⇨ ☎651-1401
　兵庫県神戸市北区有馬町833
　078-904-0680
　www.arimaspa-kingin.jp
　월~일 08:00~22:00, 매달 둘째
　· 넷째 주 화 휴무

긴노유
⇨ ☎651-1401
　兵庫県神戸市北区有馬町1039-1
　078-904-0256
　www.arimaspa-kingin.jp
　월~일 09:00~21:00, 매달 첫째
　· 셋째 주 화 휴무

다이코노유
⇨ ☎651-1401
　兵庫県神戸市北区有馬町池の
　尻292-2
　078-904-2291
　www.taikounoyu.com
　월~일 10:00~23:00

관광안내소
⇨ ☎651-1401
　兵庫県神戸市北区有馬町790-3
　078-904-0708
　www.arima-onsen.com
　관광안내소에서 온천 위치가 적
　힌 지도 배부

여러 갈래로 갈라지는 운치 있는 길거리에 위풍당당하게 서 있는 온천이 눈에 들어올 것이다. 바로 사람들이 아리마를 찾는 주된 이유인 킨노유(금탕)다. 미네랄이 풍부하고 치유 능력이 뛰어나다. 물에서 금을 건져 올릴 생각은 버리는 것이 좋다. 눈썰미가 좋은 사람이라면 물 색깔이 불그스레한 갈색임을 알 수 있는데, 이는 철분과 염분 함유량이 높은 물이 공기와 만나 산화했기 때문이다. 온천수는 여러 가지 질병을 치유하는 것으로 알려져 있으며, 특히 만성 신경통과 관절염, 피부 미용에 탁월하다.

킨노유에서 나오자마자 보이는 무료 족욕탕 다이코노아시유도 놓쳐서는 안 될 장소다. 명성 높은 금수가 흐르는 족욕탕에 발을 담그면 금세 피로가 달아난다. 다이코노인센바라는 분수도 있는데, 마실 수 있는 온천 은수가 흘러나온다.

언덕을 더 올라가면 마을의 또 다른 대중목욕탕인 긴노유가 나온다. 금수로 유명한 킨노유에 손님을 뺏기지 않기 위해 라듐이 풍부한 온천수를 은수라고 부르는 기발한 마케팅 아이디어를 떠올렸다. 작지만 인기 있는 온천으로 근육통이나 관절통, 뻣뻣한 관절에 좋다. 또한 통풍과 치질, 상처, 화상, 여성 질환을 치료한다고도 알려져 있다. 이 특별한 온천 덕분에 아리마가 뛰어난 주간 온천 목적지로 거듭날 수 있었다.

아리마 뷰 호텔에서 운영하는 다이코노유는 슈퍼 온천과 흡사하다. 다양한 온천수가 흐르는 24개의 욕탕을 자랑한다. 금수와 은수를 한꺼번에 즐기고 싶다면 이곳을 추천한다. 실내탕과 노천탕에서 지역의 유명한 온천수를 선보인다.

탄산을 함유한 탄산천의 작은 기포가 몸을 간지럽히면서 피로에 지친 근육에 활기를 불어넣고 혈액 순환을 자극한다. 1인용 욕탕과 발 전용 스파, 아로마 사우나, 돌침대 등도 마련되어 있다. 또한 복합 단지 안에 비슷한 크기의 온천에서 흔히 볼 수 있는 식당과 마사지실, 휴게실 등이 있다. 마쿠유 암반 족욕탕과 사우나 안으로 금수와 은수를 끓인 수증기가 나오는 이곳만의 '금빛 수증기' 욕탕도 잊지 말자.

도센 고쇼보

아리마 온천

6세대에 걸쳐 한 집안에서 소유하고 있는 이 료칸은 1191년부터 사무라이와 작가, 시인, 예술가들이 명상을 하기 위해 찾는 장소다. '고쇼'는 왕궁을 뜻하는데, 1300년대에 사무라이 쇼군이었던 아시카가 요시미쓰가 하사한 것이다. 입구로 들어가는 순간 세월의 영향을 받지 않은 신비로운 분위기가 느껴진다. 길고도 깊으며 창의적인 역사가 오늘날에도 살아 숨 쉰다. 한순간에 일상에서 멀리 떨어져 전혀 다른 시대에 온 듯하다.

고쇼보는 아리마의 유명한 금수로 가득한 멋진 암반 노천탕을 자랑한다. 남탕과 여탕이 나누어져 있는데, 물이 채워진 좁은 통로를 따라가면 욕탕에 다다른다. 끝으로 갈수록 남탕과 여탕을 나누는 벽이 점점 낮아져 자연스럽게 혼탕으로 이어진다. 혼자만의 고요함과 벽을 넘어 오가는 활기찬 대화 중 취향에 따라 선택하면 된다.

고쇼보로 흘러 들어오는 온천수는 2종으로, 모두 물의 효능을 제대로 느낄 수 있다. 황화철의 희미한 향이 피부에 은은하게 남는데, 앞으로 며칠 동안 부드러운 피부를 약속하는 신호인 셈이다. 이 외에도 상처나 화상, 피부염, 통증, 뻣뻣한 근육, 류머티즘, 멍, 인대 손상 및 빈혈에도 탁월한 효과가 있다고 한다. 료칸 주인의 말처럼 "몇천 년 동안 깊은 땅속에서 샘솟은 천연 온천수에 힘들고 피곤한 세속적 잡념이 깨끗하게 씻겨 내려갈 것"이다. 점심이 포함된 온천 패키지를 추천한다. 음식과 목욕을 동시에 즐기면서 주변의 아름다움을 오롯이 받아들일 수 있다.

욕탕

- ✓ 야외
- ✓ 실내
- ✗ 독탕
- ✓ 남탕/여탕
- ✓ 남녀 혼탕
- ✓ 다양한 옵션
- ✓ 전망

목욕물

- ✓ 온천수
- ✗ 일반

기본 정보

- ₩ 가격
- ✗ 셔틀버스

기타 편의시설

- ✓ 수건 사용료
- ✗ 사우나
- ✗ 마사지
- ✓ 음료
- ✓ 식사
- ✓ 숙박

추가 정보

⇨ ☎ 651-1401
兵庫県神戸市北区有馬町858
078-904-0551
www.goshoboh.com
월~일 15:00~익일 09:30
아리마온센역

Tip 식사를 하지 않고 온천만 이용할 수도 있지만, 점심과 온천 패키지를 구입한 손님에게 우선권이 주어진다.

기노사키 온천

교토에서 기노사키까지 기차를 타고 2시간 30분 정도가 걸린다. 따라서 도시락을 먹으면서 소나무로 뒤덮인 산과 자그마한 신사와 마을을 에워싼 대나무 숲 등 차창 밖으로 지나가는 풍경을 감상해보자.

기노사키에는 오타니강이 있다. 구불구불한 아름다운 물길이 오래된 건물들 사이를 비집고 흐른다. 기노사키는 사시사철 그림 같은 풍경을 자랑한다. 겨울이 되면 나무 위로 하얀 눈이 소복이 쌓이는데, 가끔 무게를 견디지 못하고 아래로 후드득 떨어진다. 봄에는 벚꽃이 마을 전체를 분홍빛 동화의 나라로 탈바꿈시킨다. 이곳에서는 꽁꽁 언 아치 모양의 돌다리, 료칸과 목욕탕의 아름다운 외관, 유카타를 입고 거리를 산책하는 관광객들을 볼 수 있다. 여름에는 대개 가벼운 유카타를 걸치고 겨울에는 몸을 따뜻하게 하기 위해 두터운 하오리를 입는다.

마을 이곳저곳을 둘러보며 옛 시절의 분위기를 고스란히 느껴보자. 지역 별미인 대게를 먹거나 저렴하지만 맛있는 길거리 간식이자 이 지역의 유명한 다지마 소고기를 넣어 찐 만두를 먹어도 좋다.

이곳의 온천 입장료는 600~800엔 정도다. 하지만 료칸이나 관광안내소에서 유메파 패스를 사면 기노사키의 모든 온천을 하루 동안 무료로 이용할 수 있다.

기노사키온천관광협회

⇨ ☎669-6101
   兵庫県豊岡市城崎町湯島357-1
   0796-32-3663
   www.kinosaki-spa.gr.jp
   기노사키온천관광협회에서 온
   천 위치가 적힌 지도 배부

기노사키 주변 온천

기노사키 온천

기노사키역 출구에서 1분밖에 걸리지 않는 사토노유는 기노사키에서 가장 처음 만나는 온천
이다. 먼저 바깥에 있는 족욕탕에 발을 담그고 피로를 푼다. 큼지막한 욕탕 주변으로 바위가 벽
을 치고 있고 졸졸거리며 흐르는 시냇물이 다른 곳과 견주어도 빠지지 않을 훌륭한 족욕탕을 완
성한다. 2층에는 일본식 욕탕이 준비되어 있다. 이 외에도 제트 마사지탕을 비롯한 여러 옵션이
있다. 1층은 '로마식 스파'를 주제로 꾸며져 있다. 남탕과 여탕은 격일제로 층을 바꾼다. 3층에
는 '수증기실' 또는 터키식 사우나가 있다. 옥상으로 올라가면 멋진 노천탕이 나온다. 여름에는
몸을 순식간에 식힐 수 있는 '펭귄 사우나'를 추천한다.

시내에서 북쪽으로 올라가면 일본 전통 등을 본떠 건물을 지은 지조유가 모습을 드러낸다.
버섯 모양의 중간 크기 욕탕 안에는 가족의 안전과 번영을 돕는다고 알려진 물이 찰랑거린다.
근처에 있는 야나기유의 욕탕 크기가 가장 작다. 사람이 덜 붐비는 한가한 장소를 찾는다면 이
곳이 제격이다. 임산부가 건강한 아기를 출산하도록 돕는 효능이 있다고 알려져 있다.

시내 중심지라고 볼 수 있는 곳에서 이치노유를 만나게 될 것이다. 주변에 있는 목욕탕 중에
서 규모가 꽤 큰 편으로, 예약 후 사용할 수 있는 독탕과 돌로 장식한 벽이 비밀스러운 지하 주
택을 떠올리게 하는 '동굴 욕탕'이 있다. 번화가를 벗어나 서쪽으로 가다 보면 예스러운 다리가
나온다. 다리 건너편에 있는 매력적인 녹색 지붕의 온천이 만다라유다. 자그마한 센토 스타일
의 목욕탕으로, 엄청나게 뜨거운 돌탕과 아주 작은 노천 나무 욕조를 선보인다. 이곳의 온천수
에는 농작물 재배와 사업 번창을 돕는 효능이 있다.

마지막으로 가볼 곳은 고노유라는 온천이다. 커다란 실내탕과 마찬가지로 널찍한 노천탕을
자랑한다. 푸르른 녹음으로 둘러싸여 있는 노천탕의 온천수는 장수와 전쟁에서의 승리를 가져
다준다고 알려져 있다. 근방에 시내에서 물을 끌어다 쓰는 뜨거운 온천지와 케이블카 입구가
있다.

고쇼노유
기노사키 온천

우리가 감탄이 절로 나오는 고쇼노유의 입구에 도착하자마자 하늘에서 눈송이가 내리기 시작했다. 이 온천은 신사의 까다로운 기준을 그대로 적용해 디자인한 곳이다. 건물의 완벽함만큼이나 목욕 경험 또한 종교적 의식에 가깝다.

아치형의 나무 천장 아래 널찍하고 매우 뜨거운 욕탕이 온천객을 맞이한다. 겨울에는 차가운 바람이 들어오지 않도록 커다란 유리벽을 닫는다. 꼭 밖으로 나가 자연의 품에 안겨 있는 멋진 노천탕을 만끽해보자. 바위 노두에서 폭포수가 굴러 떨어지는 모습이 인상적이다. 겨울을 알리는 새하얀 눈이 조용히 내려와 뜨거운 바위에 닿으면 흔적도 없이 사라진다. 노출된 공간에서 목욕하는 것이 부담스럽다면 작은 구석 공간과 몸을 가릴 수 있는 바위 뒤에서 잠시 쉬는 것도 좋다. 반면 여름이 되면 유리벽을 활짝 열기 때문에 실내탕과 노천탕을 한꺼번에 감상할 수 있다.

깊이가 얕은 바닥 욕탕에서 김이 피어오르는 터키식 욕탕도 준비되어 있다. 눈길을 사로잡는 또 다른 시설은 바로 '좌식 폭포'다. 폭포수 아래 놓인 돌 벤치에 앉아 콸콸거리며 쏟아지는 물을 온몸으로 만끽해보자.

이곳의 온천수는 신경통과 관절염에 특히 효과가 좋다고 알려져 있다. 또한 숙면에도 탁월해 편안한 잠을 청할 수 있을 것이다. 안락한 분위기의 내실에는 휴게 공간과 음료 자판기, 마사지 의자가 있어 배우자나 친구를 기다리는 동안 긴장을 풀고 느긋하게 여유를 즐길 수 있다.

욕탕

- ⊘ 야외
- ⊘ 실내
- ⊗ 독탕
- ⊘ 남탕/여탕
- ⊗ 남녀 혼탕
- ⊗ 다양한 옵션
- ⊘ 전망

목욕물

- ⊘ 온천수
- ⊗ 일반

기본 정보

- ⓦ 가격
- ⊗ 셔틀버스

기타 편의시설

- ⊘ 수건 사용료
- ⊘ 사우나
- ⊗ 마사지
- ⊘ 음료
- ⊗ 식사
- ⊗ 숙박

추가 정보

➩ ☎ 669-6101
兵庫県豊岡市城崎町湯島448
0796-32-2230
www.kinosaki-spa.gr.jp/
information/yumeguri/4.html
월~일 07:00~23:00, 매달 첫째 ·
셋째 주 목 휴무

와카야마

와카야마는 상당한 규모에도 불구하고 느긋함이 느껴지는 도시로, 언덕 위 멋스러운 성과 미식가의 입맛도 사로잡을 훌륭한 라멘 음식점을 자랑한다. 다마역을 관통하는 기차인 다마덴샤도 이곳에서 만날 수 있다. 다마역 플랫폼을 관리하는 역장이자 고양이 다마를 만나면 잊지 말고 인사를 건네보자. 고양이 얼굴과 귀가 달린 기차에 오르면 금세 기분이 좋아질 것이다. 귀여움이 넘치는 곳으로 아이들도 정말 좋아한다.

동쪽 내륙으로 들어가면 기이산이 우뚝 솟아있다. 수풀이 무성한 야생 등산로와 하이킹 코스가 정말 아름답다. 일본 불교의 성지로 불리는 고야산 역시 근처에 있다.

남쪽에는 일본어로 백사장을 뜻하는 시라하마 온천이 있다. 한적한 바닷가 마을로, 여름이 되면 온갖 색깔의 비치 타월과 파라솔이 해변을 알록달록하게 수놓는다.

구마노산 깊은 계곡에 둘러싸인 유노미네를 목적지로 잡고 등산하는 것도 좋다. 이곳에서는 특별한 온천인 츠보유를 만날 수 있는데, 1인용 또는 2인용 오두막 안에 약효가 탁월한 온천수로 가득한 깊은 우물이 있다. 선착순으로 이용할 수 있다.

시라하마는 좋은 온천수로 유명하다. 유황과 바닷물이 섞여 특유의 향이 가볍게 나는 온천수가 근처에 있는 온천으로 흘러 들어간다. 시라하마는 일본에서 가장 오래된 온천 3곳 중 하나인 사키노유(95쪽)가 있는 곳이기도 하다.

욕탕
- ✓ 야외
- ✓ 실내
- ✗ 독탕
- ✓ 남탕/여탕
- ✗ 남녀 혼탕
- ✗ 다양한 옵션
- ✓ 전망

목욕물
- ✓ 온천수
- ✗ 일반

기본 정보
- ① 가격
- ✗ 셔틀버스

기타 편의시설
- ✓ 수건 사용료
- ✗ 사우나
- ✗ 마사지
- ✓ 음료
- ✓ 식사
- ✗ 숙박

추가 정보
- ⇨ ☎ 649-2211
  和歌山県西牟婁郡白浜町2763
  0739-42-3010
  www.choseinoyu.jp
  목~화 10:00~22:00, 매주 수 휴무
  시라하마역에서 버스 이용

조세이노유

와카야마, 시라하마 온천

조세이노유에 도착하자마자 짙은 색의 나무로 장식한 아름다운 건물이 제일 먼저 눈에 들어온다. 하지만 머지않아 반대편에 있는 족욕탕과 수욕탕에 눈길을 빼앗긴다. 신비로운 분위기의 옛날식 수욕탕과 조명이 보는 이의 마음을 사로잡는 이 목조 건물은 온천객에게 큰 기쁨을 선사한다. 사진을 찍거나 족욕탕에 발을 담그고 손도 녹인 다음 안으로 들어가면 된다.

조세이노유의 입장료는 600엔으로 매우 저렴하다. 부대시설은 평범한 수준이다. 하지만 부족한 안락함 대신 소박하고 시골스러운 매력으로 승부한다. 실내탕이 매우 잘 되어 있으므로 천천히 시간을 보내며 다음 동선을 계획해보자. 목적지는 노천탕이다. 욕탕을 지나야만 바깥으로 나갈 수 있는데, 이 역시 이곳만의 특징이다.

주변 숲과의 경계를 구분하기 어려울 정도로 조화롭게 어우러지는 작고 네모난 짙은 회색의 나무 욕탕이 빌 때까지 다른 욕탕에 앉아 몸을 담그고 자연의 공기를 깊이 들이마시자. 환경의 일부나 다름없는 이 욕탕은 피곤에 지친 심신을 달래기에 온도도 장소도 완벽하다. 칠흑같이 새까만 아름다운 잠자리가 밝은색의 산누에나방과 나뭇잎 사이로 쾌활하게 날아다니며 인기 경쟁을 벌인다.

조세이노유는 흔히 볼 수 없는 보석 같은 곳이다. 운이 좋다면 모든 매력을 혼자서 독차지할 수 있는 아름다운 비밀 장소다. 실내에 있는 식당에서는 저렴한 가격의 국수와 밥 메뉴를 다양하게 판매하는데, 편안하게 휴식하느라 미처 끼니를 챙기지 못했을 때 이용하기 편리하다.

가와유 온천

와카야마, 가와유 온천

가와유는 혼구 온센쿄 지역에 있는 3대 온천 마을 중 하나로, 오토강 한가운데서 즐기는 온천 덕분에 단연 최고로 손꼽힌다. 깊은 숲속에 자리 잡은 신비한 강 온천은 1600년대 중반 정체불명의 낯선 이가 동네 사람에게 몰래 귀띔해주면서 그 존재가 알려졌다. 수백 년을 건너뛰어 이제는 도로와 호텔이 들어선 어엿한 마을이 되었지만, 무슨 이유에서인지 여전히 아는 사람만 아는 외딴 천국이라는 명성을 유지하고 있다.

전 세계적으로 유명한 등산로와 순례길을 하루 종일 올랐다면, 이제 탁 트인 온천에서 따뜻한 물에 몸을 담그고 휴식을 취할 차례다. 누가 뭐라 하든 이곳의 매력은 투박한 야외다. 전원 느낌이 물씬 풍기는 탈의실로 들어가 옷을 벗는다. 샤워장이 따로 없고 강에서 목욕할 때는 비누나 샴푸를 일절 사용할 수 없으므로 그냥 밖으로 나가면 된다. 깨끗한 산 공기를 깊이 들이마신 후에는 강으로 들어간다.

원한다면 수건을 두르거나 수영복을 입어도 좋다. 심지어 실내화를 신어도 되는데, 강바닥에 뾰족한 돌이 있을 수 있기 때문이다. 온천에서 제공하는 삽으로 직접 흙을 퍼서 욕탕을 만들거나 누군가 만들어 놓은 욕탕을 사용하면 된다. 하늘 낮게 걸린 보송보송한 구름 뒤로 해가 슬그머니 얼굴을 감추는 해질녘이 특히 아름답다. 살랑거리는 산바람이 부드럽게 몸을 어루만지고 따뜻한 강물에서 수증기가 피어오르는 가운데 노을을 바라보면 그야말로 절경이다.

12월에서 2월 사이에 이곳을 방문하면 센닌부로(1,000명이 들어갈 수 있는 커다란 욕탕)를 경험할 수 있다. 우리는 누구나 한 번쯤은 집단 목욕을 경험해야 한다고 생각한다. 셀 수 없이 많은 나체 또는 반나체 상태의 사람들 속에서 몸과 마음이 평온해지는 것을 느껴보자.

입장료는 저렴하지만 비교할 수 없을 정도로 멋진 추억을 쌓을 수 있다. 자연 속에서 산책하며 주변을 에워싸는 자연의 아름다움에 심취하면 나도 모르게 인생과 우주, 그리고 그 안에 있는 모든 것에 대해 고민하거나 생각을 고치게 될 것이다.

욕탕

- ⊘ 야외
- ⊘ 실내
- ⊗ 독탕
- ⊗ 남탕/여탕
- ⊘ 남녀 혼탕
- ⊗ 다양한 옵션
- ⊘ 전망

목욕물

- ⊘ 온천수
- ⊗ 일반

기본 정보

- ① 가격
- ⊘ 셔틀버스

기타 편의시설

- ⊗ 수건 사용료
- ⊗ 사우나
- ⊗ 마사지
- ⊗ 음료
- ⊗ 식사
- ⊗ 숙박

추가 정보

⇨ ☎647-1717
和歌山県田辺市本宮町川湯
0735-42-0735
www.hongu.jp/onsen/kawayu
월~일 06:30~22:00(매년 12~2월)
기이타나베역 또는 신구역에서
버스 이용

1051
1052
1053
1054

욕탕

- ⊘ 야외
- ⊘ 실내
- ⊗ 독탕
- ⊘ 남탕/여탕
- ⊘ 남녀 혼탕
- ⊘ 다양한 옵션
- ⊗ 전망

목욕물

- ⊘ 온천수
- ⊗ 일반

기본 정보

- ⓦ 가격
- ⊗ 셔틀버스

기타 편의시설

- ⊘ 수건 사용료
- ⊘ 사우나
- ⊘ 마사지
- ⊘ 음료
- ⊘ 식사
- ⊘ 숙박

추가 정보

⇨ ☎ 640-8303
和歌山県和歌山市鳴神574
073-471-3277
www.hanayamaonsen.com
월~일 08:00~23:00
니치젠구역

하나야마 온천 야쿠시노유

와카야마, 하나야마 온천

와카야마 길가를 지나가다 잠시 들를 수 있는 온천으로, 복고풍의 매력이 넘쳐흐르는 곳이다. 기념품 가게에서 파는 쌀 과자는 둘이 먹다 하나가 죽어도 모를 정도로 맛있다. 또한 지역 특산품인 복숭아 주스와 와카야마 진저 소다도 잊지 말자.

이 온천은 800년대부터 문을 열고 손님을 받아왔다. 하지만 1965년이 되어서야 지하 500미터 우물이 재발견되었고 덕분에 하나야마가 만들어졌다. 이 온천은 흠잡을 데 없이 완벽한 보석이다. 하지만 다른 온천에 비해 확실히 소란스럽다.

실내에는 제트 마사지탕 2개와 냉탕이 준비되어 있다. 메인 욕탕에는 철분 함유량이 높은 금수가 채워져 있어 가벼운 금속 냄새가 난다. 하나야마는 물이 땅속에서 자연적으로 샘솟는 온천 중 하나다. 수온이 26도인 욕탕만 온천수를 직접 끌어다 쓰는데, 더운 여름에는 낮은 온도가 상쾌함을 선사한다. 실내에 있는 다른 욕탕과 자그마한 노천탕은 데운 물을 채워 넣는다.

온천수의 미네랄 함유량이 1,000밀리리터보다 많으면 약효가 있는 온천으로 인정받게 된다. 하나야마는 그 수치가 1만 6,000으로, 다른 온천을 가뿐하게 앞지른다. 또한 미량 원소도 다른 곳보다 많아 건강에 두루두루 좋다고 알려져 있다. 특히 혈액 순환과 빈혈에 탁월한 효과를 보인다. 다마 기차 노선의 두 번째 역인 니치젠구역에서 조금만 걸으면 온천에 도착한다.

사키노유
—
와카야마, 시라하마 온천

일본의 가장 오래된 온천에서 유황이 풍부한 온천수와 바닷물이 섞인 노천탕에 몸을 담그고 별다른 보호막 없이 야외를 그대로 느끼고 싶다면, 여기보다 완벽한 곳은 없다. 지나가는 배 혹은 우뚝 솟은 등대를 찾은 사람이 망원경으로 알몸 구경을 할지도 모르지만, 온천의 즐거움이 너무 강렬해 크게 신경 쓰이지 않을 것이다.

넓게 펼쳐진 바다와 넘실거리며 다가와 바위에 부서지는 파도 바로 앞에서 온천을 즐길 수 있다. 파도 물거품을 얼굴로 맞으며 오랜 시간 동안 출렁이는 물에 표면이 매끄럽게 다듬어진 암반탕에 앉아있는 동안 소금과 나트륨이 지친 뼈마디를 진정시킨다.

입구 옆에는 작은 보관함이 있어 물건을 넣을 수 있다. 샤워장은 따로 없으므로 나무바가지로 미지근한 물을 몸에 끼얹은 후 욕탕에 들어간다. 온천 자체는 투박하기 짝이 없다. 오래된 서책에도 언급된 온천(가장 오래된 기록은 658년까지 거슬러 올라간다)에서 지열로 뜨거워진 암반탕에 본격적으로 몸을 담그면 된다. 종종 일본 최고의 온천으로 선정되는 사키노유는 원시적인 낙원이나 다름없다.

일본은 화산 온천수로 유명하다. 시라하마의 지열 온천수는 사실 2개의 커다란 지질구조판 사이에서 샘솟는데, 기포를 만들며 수면 위로 올라와 신경통과 관절통, 만성 피부 질환, 부인과 질환 등을 치유한다.

욕탕
- ⊘ 야외
- ⊘ 실내
- ✕ 독탕
- ⊘ 남탕/여탕
- ✕ 남녀 혼탕
- ✕ 다양한 옵션
- ⊘ 전망

목욕물
- ⊘ 온천수
- ✕ 일반

기본 정보
- ① 가격
- ✕ 셔틀버스
- ⊘ 문신

기타 편의시설
- ✕ 수건 사용료
- ✕ 사우나
- ✕ 마사지
- ⊘ 음료
- ✕ 식사
- ✕ 숙박

추가 정보
⇨ ☎649-2211
和歌山県西牟婁郡白浜町1668
0739-42-3016
www.town.shirahama.waka
yama.jp/kanko/onsen/
1454046714439.html
월~일 08:00~17:00(1~3월,
10~12월), 08:00~18:00(4~6월,
9월), 07:00~19:00(7~8월)
시라하마역에서 버스 탑승 후
유자키에서 하차

Tip 개인 수건을 가져가야 한다.

가가 온천

하쿠산 작은 언덕에 있는 가가 온천에는 야마시로, 야마나카, 가타야마즈, 아와즈 등 4개의 온천 마을이 포함된다. 가나자와에서 30분도 채 걸리지 않는다.

이 지역은 잘 알려지지 않은 온천이 곳곳에 숨어있는 보물섬과 같은 곳이다. 각 마을의 중심지에는 대중목욕탕이 자리 잡고 있다. 목욕 애호가라면 모든 광장을 빠짐없이 방문해 현지인들을 만나고 대중목욕탕을 방문하는 긴 여정을 마다할 이유가 없다.

이곳의 료칸이 늘 단독 온천을 운영하는 것은 아니라서 손님이 소토유(대중목욕탕)를 이용해야 하는 경우도 종종 있다. 지역 곳곳에 대중목욕탕의 역사가 살아 숨 쉰다. 목욕탕은 편리할 뿐만 아니라 만남의 장소가 되기도 하며 무엇보다 꼭 필요한 장소였기 때문에 지역 중심으로 삼삼오오 함께 모여 목욕하는 문화가 자리 잡았다. 이는 일본 역사를 한층 더 깊이 이해하는 데도 도움이 된다.

야마나카의 유게카이도 거리를 산책하며 전통 공예품을 구경하거나 강을 따라 걷는 재미도 쏠쏠하다. 야마나카 온천 마을의 유유칸은 새로 생긴 특급 온천 복합 건물이다.

야마시로는 중앙 온천을 위주로 운영하는 마을이다. 일본에서 가장 유명한 도자기 장인 로산진(1883~1959년)의 옛 거처 '이로하' 근처에 소유 목욕탕이 있는데, 그 뒤편 언덕에 천상의 아름다움을 간직한 절 야쿠오인 온센지가 있다.

욕탕

⊗ 야외
✓ 실내
✓ 독탕
✓ 남탕/여탕
⊗ 남녀 혼탕
✓ 다양한 옵션
⊗ 전망

목욕물

✓ 온천수
⊗ 일반

기본 정보

ⓘ 가격
⊗ 셔틀버스

기타 편의시설

✓ 수건 사용료
⊗ 사우나
⊗ 마사지
⊗ 음료
⊗ 식사
⊗ 숙박

추가 정보

⇨ 고소유
☎ 922-0242
石川県加賀市山代温泉18-128
0761-76-0144
월~일 06:00~22:00, 매달 넷째
주 수는 12시부터 영업

⇨ 소유
☎ 922-0242
石川県加賀市山代温泉万松園
通2-1
0761-76-0144
www.yamashiro-spa.or.jp
월~일 06:00~22:00, 매달 넷째
주 수는 12시부터 영업
가가역에서 캔버스 이용

야마시로 주변 온천
가가 온천, 야마시로 온천

미쉘은 야마시로로 떠나기 6개월 전부터 고소유(오래된 대중목욕탕) 사진을 벽에 걸어두었다. 마침내 야마시로에 도착했을 때 군데군데 스테인드글라스가 은은하게 비치는 황금빛 외관을 보고 그녀는 사원이나 일본 전통 등을 떠올렸다. 그녀의 호기심을 자극하기에 충분했다.

디자인 애호가에게 시내 중심지에서 가장 눈길을 사로잡는 것을 꼽으라고 한다면 단연코 메이지 양식 건축물의 목재 외관이라고 대답할 것이다. 백 년 역사를 자랑하는 목욕탕에 깔끔한 선과 현대적인 멋스러움이 더해져 완벽하게 재탄생했다. 알록달록한 구타니야키 타일과 칠기, 스테인드글라스가 어우러진 내부는 잊을 수 없는 목욕 경험을 선사한다.

욕탕의 크기는 작지만 완벽한 형태를 자랑한다. 이곳에서는 옛날 목욕 방식을 고집한다. 즉, 온천수에 담근 목욕 수건을 머리 위로 가져와 물기를 짠다. 의식으로서의 의미가 절반, 몸을 깨끗이 씻는다는 의미가 절반이다.

1층에 있는 휴게 공간을 빼놓지 말자. 다다미와 목재, 그리고 색을 넣은 유리가 만나 천상의 아름다움을 연출한다. 특히 조명이 환하게 켜지는 밤이 되면 건물의 매력이 더욱 살아난다. 저렴한 입장료로 이 모든 아름다움을 즐길 수 있다는 사실이 우리가 일본을 사랑하는 이유다.

소유(공중목욕탕) 역시 근처에 있다. 동네 사람들이 많이 찾는 보다 소박하고 시끌벅적한 곳으로, 나무 천장 아래 훤하게 불이 켜진 널찍한 욕탕 안에서 몸을 씻는다. 복잡한 목욕 대신 간단한 경험을 원한다면 오래된 족욕탕(아시유)을 찾아 지친 발의 피로를 푸는 것도 좋다. 온천 키트를 손에 든 현지인들이 하루 종일 들락날락거리는 모습을 볼 수 있다.

반면 야마시로는 과거와 현대의 장점만 모아 선보인다. 전통식 대중목욕탕으로 재건축하면서 모던한 디자인은 살리고 최신 시설로 바꾸었다. 매력과 온정, 그리고 역사가 가득한 곳이다.

마을 광장과 붙어있는 하즈치오 가쿠도에는 다양한 상점들이 모여 있는데, 그 지역에서 만든 도자기를 구입하거나 특산물을 맛볼 수 있다.

야마나카 주변 온천
가가 온천, 야마나카 온천

가가온센역에서 시내버스를 타고 30분 정도 달리면 야마나카 온천이 나온다. 협곡을 내려다보고 있어 극적이고 잊지 못할 강 전경을 감상할 수 있다. 근처에 있는 편백나무로 만든 고로기 다리 역시 감탄이 절로 나오는 전망을 자랑한다. 17세기 시인 바쇼가 이곳에 머문 것으로 알려져 있는데, 그는 이곳 온천수가 "몸 중심까지 스며들어 육체적으로도 정신적으로도 건강하게 한다"고 말하기도 했다. 그가 일본에서 최고로 꼽은 온천 3곳 중에 야마나카도 포함된다.

이곳 마을은 칠기와 사케, 온천 달걀, 그리고 달콤한 먹거리로 유명하다. 옛 일본의 모습을 엿볼 수 있는 운치 있는 길거리가 마치 자그마한 역사적 덩굴손처럼 중심 광장 주변으로 얽히고 설켜 있다. 추억 속 향수가 느껴지는 마을이다. 이미 지나가버린 옛 일본의 진짜 모습을 그대로 간직한 마을 주변으로 등산 코스로 완벽한 산이 우뚝 솟아있다. 지난 몇백 년 동안 마을을 내려다보며 묵묵히 자리를 지키고 있다. 일본의 장인과 음식, 그리고 전통 수공예품까지 모두 이곳에서 만나볼 수 있다. 잔잔한 음악이 대중 온천을 찾은 손님들을 맞이한다.

현지인들은 기쿠노유에서 느긋하게 시간을 보낸다. 이곳에서는 자연적으로 수소가 만들어지는데, 실제로 일본에서 수소 농도가 가장 높다. 노화 방지와 비만 예방에 탁월하다고 알려져 있으며 몸속 활성산소를 추출하기 때문에 생기와 젊음을 되찾게 해준다.

이곳의 경우 남탕과 여탕이 다른 건물에 있다. 여탕은 우리가 아는 한 제 기능을 하는 아름다운 무대를 갖춘 유일한 욕탕으로, 주기적으로 전통 노래나 춤 공연이 펼쳐진다. 옷칠을 한 문은 장인 정신을 고스란히 보여주는 훌륭한 예다.

메인 광장에는 족욕탕과 수욕탕이 있어 따뜻한 물에 몸을 녹일 수 있다. 온천 식수대에서 수소가 풍부한 물을 마시면 좋은 효과를 그대로 흡수할 수 있다.

욕탕
⊗ 야외
⊘ 실내
⊗ 독탕
⊘ 남탕/여탕
⊗ 남녀 혼탕
⊗ 다양한 옵션
⊗ 전망

목욕물
⊘ 온천수
⊗ 일반

기본 정보
ⓘ 가격
⊗ 셔틀버스

기타 편의시설
⊘ 수건 사용료
⊗ 사우나
⊗ 마사지
⊘ 음료
⊗ 식사
⊗ 숙박

추가 정보
⇨ 기쿠노유
☎ 922-0124
石川県加賀市山中温泉湯の出町レ1
0761-78-4026
www.yamanaka-spa.or.jp
월~일 06:45~22:30
가가역에서 캔버스 이용

미나카미

미나카미역 또는 조모코겐역에서 내려 고요하고 전통적인 일본 군마현의 아름다움을 탐방해보자. 이동하는 것이 쉽지는 않은데, 바로 이 점이 매력 포인트다. 더 많은 노력을 기울여야 결실도 더욱 달콤한 법이다. 버스를 이용해도 좋지만 차를 대절하는 편이 더 수월할 수도 있다. 이곳의 아름다움은 넓은 지역 곳곳에 흩어져 있기 때문이다. 우리는 멋진 과수원과 가쿠린지를 방문했다. 푸르른 수풀 속에 가려진 비밀스러운 절로, 기포를 내뿜는 실개천과 그 위를 가로지르는 돌다리 옆에 자리 잡고 있다. 그림 같은 일본 풍경의 정석이라고 할 수 있다.

다쿠미노사토는 예술 작품과 공예품을 만드는 마을로 사과 과수원과 논으로 둘러싸여 있다. 이곳에서는 전통적인 일본의 모습이 아직도 살아 숨 쉰다. 각기 다른 재주를 선보이는 옛날 공방이 20곳도 넘는데, 다들 종이를 만들거나 직물을 쪽빛으로 염색하느라 바쁘다. 조리(가운데가 T자 모양인 납작한 샌들)를 엮는 곳도 있고 유명한 지역 특색 음식인 소바 반죽을 만드는 곳도 있다. 구경만 해도 시간 가는 줄 모른다. 약간의 참가비를 내면 직접 물건을 만들 수도 있다.

이 지역은 또한 일본에서 가장 훌륭한 대중 온천인 유테르메 · 다니가와와 만텐보시노유가 있는 곳이기도 하다. 또한 일본의 비밀 온천 중 하나도 근처에 위치하고 있다. 10곳을 훌쩍 넘는 천연 온천지와 나무가 빽빽하게 들어선 숲, 중간중간 다리가 놓인 수로까지 미나카미는 온천 여정에서 진정으로 특별한 장소로 기억될 것이다.

호시 온천 조주칸

미나카미, 호시 온천

조신에쓰코겐국립공원 깊숙이 숨어있는 호시는 꿈에서나 볼 법한 아름다운 건물과 감탄을 자아내는 짙은 색의 나무 외관이 인상적인 곳이다. 중간중간 녹색 나뭇잎과 꽃, 단풍 또는 눈으로 장식하기도 한다. 이곳에 도착하는 순간 단순하고 조용했던 시절로 돌아간다.

안으로 들어가면 구불구불한 복도와 낮은 천장이 눈에 들어온다. 색이 바랜 사진에서 지나간 시절을 엿볼 수 있다. 전설이나 다름없는 갈색 곰을 비롯해 지역 동물 박제상과 과거를 상기시키는 자그마한 기념품 등이 모두 유리 케이스 안에 보관되어 있다.

처음 문을 연 지 140년이 된 호시는 메이지 시대(1868~1912년) 온천으로, 입이 떡 벌어지는 아치형 나무 천장 아래 크기가 같은 6개의 욕탕이 있다. 건물 양식에서 기차 호황이 불던 19세기 기차역과 대합실이 떠오른다. 남다른 아름다움을 인정받아 문화재로 지정되기도 했다.

기본적으로 혼탕이지만 탈의실은 남성용과 여성용으로 나뉘어져 있다. 하지만 진정한 온천 애호가들은 사람들의 시선을 개의치 않고 큰방에서 바로 옷을 벗은 다음 벽을 따라 줄지어 선 나무 상자에 옷가지를 넣는다고 들었다. 전통 온천 방식을 최대한 따르려는 것이다.

이곳의 온천수는 매우 진귀하다. 돌 사이 틈에서 뽀글뽀글 올라온 미네랄이 풍부한 물이 몸을 부드럽게 어루만진다. 칼슘, 황산나트륨, 그리고 석고는 상처나 화상 회복을 촉진하고 위장 관련 문제를 해결한다고 알려져 있다. 수온이 43도라서 다소 뜨겁지만, 흐르는 온천수에서 멀어질수록 온도가 완벽해진다. 하룻밤 머물 계획이라면 저녁 8시부터 10시까지 문을 여는 여성 전용 욕탕도 있다.

크기가 작은 조주노유는 강가 방 안에 자리 잡고 있다. 치유 효과가 탁월한 온천수가 계속해서 넘쳐흐른다. 노천탕과 작은 폭포수, 그리고 아름다운 실내탕을 갖춘 다마키노유는 주간 온천객을 받지 않는다. 따라서 하룻밤 묵으면서 온천을 즐길 것을 추천한다. 새벽 2시 30분까지 열려있는 욕탕과 인상적인 건물, 거기에 훌륭한 등산 코스까지 모두 즐기려면 하루는 부족할지도 모른다. 등산보다 훨씬 수월한 산책 역시 매우 만족스러울 것이다.

오전 10시 30분에서 오후 2시 사이에는 야생 쌀이나 소바면으로 만든 맛있는 점심 세트 메뉴가 제공된다. 미리 전화해서 점심과 욕탕을 예약하는 것이 좋다.

이곳은 일본의 비밀 온천 10곳 중 하나다. 외딴곳에 있어 접근성이 떨어지지만, 일부러 찾아갈 가치가 충분하다.

욕탕

⊗ 야외
✓ 실내
⊗ 독탕
✓ 남탕/여탕
✓ 남녀 혼탕
✓ 다양한 옵션
⊗ 전망

목욕물

✓ 온천수
⊗ 일반

기본 정보

ⓝ 가격
⊗ 셔틀버스

기타 편의시설

✓ 수건 사용료
⊗ 사우나
⊗ 마사지
✓ 음료
✓ 식사
✓ 숙박

추가 정보

⇨ ☏ 379-1401
群馬県利根郡みなかみ町永井
650
0278-66-0005
www.hoshi-onsen.com
호시노유 10:30~익일 10:00
조주노유 10:30~익일 10:00
다마키노유 15:00~익일 10:00
조모코겐역에서 버스 탑승 후 사
루가쿄에서 하차, 셔틀버스로 환
승 후 호시에서 하차

다카라가와 온천 오센카쿠

미나카미, 다카라가와 온천

다카라가와는 '보석처럼 귀한 강'을 뜻한다. 전설에 따르면 야마토 시대 왕자 다케루가 동쪽 여행을 하다가 병에 걸렸는데 매의 안내를 받고 이 숨겨진 온천을 찾았다가 기적적으로 나았다고 한다. 오늘날에도 숲속에 모습을 감추고 있는 다카라가와에서 뾰족한 치료 방법이 없는 질병을 완화할 수 있다.

나무가 빽빽하게 들어선 깊은 숲속에 자리 잡은 다카라가와에는 노천 혼탕이 있다. 깎아 만든 바위와 건조 목재, 돌기둥, 그리고 매력이 넘치는 일본식 전통 건물이 다카라강 강둑에 올라앉은 혼탕을 둘러싸고 있다.

주간 온천객을 받는 료칸이지만, 하룻밤 머무는 것을 강력하게 추천한다. 1930년대 전통식 방이 있는 제1 별관을 예약해보자. 예스러운 인테리어가 온천의 매력을 한 단계 더 끌어올린다.

목욕하기 가장 좋은 시간은 바로 황혼과 새벽이다. 그렇기 때문에 더욱이 하룻밤 묵는 것이 좋다. 세찬 강 물줄기가 엄청난 소리를 내며 욕탕 한가운데를 관통한다. 강둑에 둥지를 틀 듯 자리 잡은 욕탕은 마치 피곤에 지친 온천객을 기다리는 특별한 캡슐 같다. 장담컨대 욕탕에서 나올 때쯤이면 10년은 젊어져 있을 것이다. 욕탕은 밤새 열려있다. 불면증에 시달리는 투숙객도 자정에 혼자서 조용히 목욕을 즐길 수 있다.

이곳은 남녀 혼탕이 주를 이룬다. 혼탕이 부담스럽더라도 걱정할 필요는 없다. 여성을 위한 가운이 있어 몸을 가릴 수 있기 때문이다. 남성이라면 수건으로 민망한 부위를 가릴 것을 권장한다. 뿐만 아니라 성향이 비교적 거친 남성들과 목욕하기를 꺼리는 손님을 위해 여성 전용 노천탕도 마련되어 있다. 야외 샤워장이 따로 없고 매우 기본적이지만 매력이 넘치는 선반과 목욕 용품이 제공된다. 이곳은 도심 지역에 있는 스파보다는 투박한 노천탕에 가깝다. 온천에 정통한 일본인 및 외국인 온천객들은 옛 시절 온천 마법을 파헤치기 위해 이곳에 모여든다.

흐르는 강물 옆에 자리 잡은 오래된 온천에 몸을 담글 수 있다. 세월이 느껴지는 어두운 색의 목조 건물과 돌 조각상, 안개가 짙게 깔리고 말벌이 윙윙거리며 날아다니는 산비탈까지 투박한 노천을 즐기기에 완벽하다.

다른 시골 온천처럼 다카라가와는 계절마다 각기 다른 온천 경험을 선보인다. 가을 단풍과 분홍빛의 벚꽃, 새하얀 눈으로 뒤덮인 세상과 선명한 초록색 이파리 모두 눈이 부실 정도로 아름답지만 시간이 지나면 사라지고 만다. 다카라가와는 인생의 덧없음과 자연과 조화를 이루며 살아가는 일본식 삶의 가치를 몸소 보여준다.

욕탕

- ⊘ 야외
- ⊘ 실내
- ⊗ 독탕
- ⊘ 남탕/여탕
- ⊘ 남녀 혼탕
- ⊘ 다양한 옵션
- ⊘ 전망

목욕물

- ⊘ 온천수
- ⊗ 일반

기본 정보

- Ⓦ 가격
- ⊘ 셔틀버스
- ⊘ 문신

기타 편의시설

- ⊘ 수건 사용료
- ⊘ 사우나
- ⊗ 마사지
- ⊘ 음료
- ⊘ 식사
- ⊘ 숙박

추가 정보

⇨ ☎ 379-1721
群馬県利根郡みなかみ町藤原
1899
0278-75-2611
www.takaragawa.com
월~일 09:00~17:00
조모코겐역 또는 미나카미역에
서 다카라가와 버스 이용(투숙객
은 무료 셔틀버스 이용)

구사츠 온천

군마현의 산간 지대에 위치한 곳으로, 에메랄드빛 물이 반짝이는 시라네산 칼데라호 근처에 있다. 구사츠 온천수는 유황뿐만 아니라 철분과 염화물, 심지어 비소까지 포함되어 있다. 물론 비소 함유량은 낮으므로 건강에도 좋다.

이곳의 핵심은 뜨거운 온천수가 빠져나가는 배출구인 유바타케다. 분당 4,000리터 정도 끊임없이 쏟아져 나오는 물은 먼저 여러 개의 나무 수로를 거치며 온도가 내려간 다음 아래에 있는 욕탕으로 흘러간다. 이 물을 이용해 학교에 난방을 제공하고 광장과 뒷골목에 있는 대중목욕탕(20곳은 무료로 입장할 수 있다) 그리고 중앙 족욕탕을 채운다. 하이쿠 시인 바쇼가 이곳의 길거리를 누볐다고 알려져 있다. 실제로 군마현은 그가 가장 좋아했던 지역 중 하나다.

메인 광장에 위치한 네츠노유는 온천수를 식히기 위해 커다란 나무판자로 휘젓는 유모미 공연으로 유명하다. 지역 사케나 맛있는 복숭아, 산꽃, 온센만주(마을의 유명한 만두), 그리고 마을 온천지에서 추출한 유황 입욕 소금 등을 살 수 있다.

대중목욕탕 패스를 구입하면 마을이 자랑하는 보석 같은 온천 여러 곳에 입장할 수 있다.

고자노유
구사츠 온천

유바타케를 내려다보고 있는 고자노유는 2013년에 문을 열었다는 사실이 무색할 만큼 과거와 현재가 조화를 이룬다. 깔끔한 선이 인상적인 모던한 건물이지만 전통 목욕탕의 요소를 모두 담고 있다. 성당처럼 우뚝 솟은 천장 덕분에 욕탕 분위기가 경건하게 느껴진다.

매일 남탕과 여탕의 위치가 바뀐다. 고자노유는 구사츠 온천 중에서 2곳의 원천을 쓰는 유일한 곳인데, 이는 무료 온천이 넘쳐나는데다 훌륭하다는 평가를 받는 욕탕이 2곳이나 더 있어 다른 곳과 차별화할 무기가 필요했기 때문이다.

둥그런 나무 아치 아래에 4개의 작은 욕탕이 줄지어 들어서 있다. 고온의 열탕이 감당하기 힘들다면 각 욕탕으로 흘러 들어가는 온천수 가까이에 가지 않는 것이 좋다. 이곳 온천수는 화상 치료(물 온도를 생각하면 아이러니하다)와 만성 소화불량, 여성 질환, 오한, 동맥경화에 좋다고 알려져 있다. 위층에 있는 다다미 휴게실 또한 이곳만의 장점인데, 유바타케와 시내의 그림 같은 전경을 감상할 수 있다.

위치와 규모, 그리고 비교적 새로 지은 건물이라는 점 때문에 3개의 목욕탕 중에서 가장 덜 붐빈다. 따라서 조용한 분위기에서 차분하게 목욕을 즐기고 싶다면 고자노유를 추천한다.

Tip 온천 패스를 구입하면 하루 종일 여러 온천을 돌아다닐 수 있다. 고자노유에 있는 프런트 데스크에서 유카타를 빌려보자. 차림새까지 완벽하니 이제 온천을 즐기기만 하면 된다.

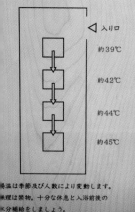

오타키노유

구사츠 온천

유바타케에서 도보로 5분 거리에 있는 오타키노유는 높은 천장에 목재로 마감한 아름다운 욕탕을 자랑한다. 나무와 물이 만나 포근하고 차분하며 자연스러운 분위기를 연출한다.

이 온천은 일본에서도 흔치 않은 목욕 방법을 고수한다. 아와세유라고 부르는데, 온도에 따라 욕탕에 등급을 매긴다고 생각하면 된다. 예배당을 연상케 하는 공간으로 들어가 첫 번째 욕탕에 몸을 담근다. 그런 다음 점점 더 높은 온도의 욕탕으로 서서히 옮겨간다. 모험심이 강한 편이라면 가장 높은 온도의 욕탕까지 도전해보자.

오타키노유는 다양한 종류의 욕탕을 갖추고 있다. 계단식 바위 폭포에서 유백색의 물이 떨어지는 아름다운 노천탕 주변으로 빼어난 자연 경관이 펼쳐진다. 냉탕과 사우나도 이용할 수 있다. 조금 더 조심스러운 온천객을 위한 독탕도 마련되어 있다.

구사츠에 있는 온천 중에서 진정성과 전통적인 매력이 느껴지는 오타키노유가 우리의 마음을 사로잡았다. 이곳에서는 하루가 금방 지나간다. 조용한 다다미방에서 휴식을 취할 수도 있고 욕탕을 들락날락거리며 사케를 홀짝이거나 점심 또는 아이스크림을 먹을 수도 있다. 또는 모든 걱정을 훌훌 털어버리기 위해 독탕을 선택해도 좋다.

욕탕

- ⊘ 야외
- ⊘ 실내
- ⊘ 독탕
- ⊘ 남탕/여탕
- ⊗ 남녀 혼탕
- ⊘ 다양한 옵션
- ⊘ 전망

목욕물

- ⊘ 온천수
- ⊗ 일반

기본 정보

- ⊚ 가격
- ⊗ 셔틀버스

기타 편의시설

- ⊘ 수건 사용료
- ⊘ 사우나
- ⊘ 마사지
- ⊘ 음료
- ⊘ 식사
- ⊗ 숙박

추가 정보

⇨ ☎ 377-1711
群馬県吾妻郡草津町大字草津 596-13
0279-88-2600
www.ohtakinoyu.com
월~일 09:00~21:00
나가노하라구사츠구치역에서 버스 이용

사이노카와라 공원
구사츠 온천

이 온천은 가는 길조차 즐거움으로 가득하다. 아름다운 사이노카와라 공원 사이로 순례길을
떠나보자. 산속 깊숙이 숨어있는 졸졸거리는 온천수와 작은 도리(신사 입구), 자그마한 암반탕,
족욕탕, 조각상, 신중하게 배치한 돌탑을 모두 지나야 한다. 산 한쪽에 자리 잡은 광활한 노천
탕에 다다를 때쯤이면 가는 내내 길동무를 해주던 작은 물줄기가 폭포처럼 흐르는 강으로 변해
있다.

　　사이노카와라 노천탕은 2개의 커다란 욕탕으로 이루어져 있다. 남탕과 여탕이 구분되어 있
으며 바위를 잘라 만든 암반탕이다. 천연 온천수에 서서히 들어가도 좋고 바위에 앉아 몸을 식
혀도 좋다. 미쉘은 바위에 앉아 머리 위로 부드럽게 떨어지는 빗방울을 맞으며 물에 동그라미를
그렸다. 스티브는 주변을 빙글빙글 돌며 구성지게 지저귀는 새소리를 배경 음악 삼아 구름 사
이를 비집고 나온 소나무를 하염없이 바라봤다. 커다란 바위를 등지고 앉아 혼자만의 시간을
가져도 좋고 널찍한 욕탕 위를 떠다니며 일상의 스트레스에서 벗어나도 좋다.

　　짙은 청록색의 온천수와 어두운 색의 바위, 연한 색의 히노키 나무 오두막이 한데 섞여 자연
에서 볼 수 있는 가장 아름다운 컬러 팔레트를 완성한다. 인생에서 한 번밖에 찾아오지 않는 진
귀한 경험이니 최대한 즐겨보자.

Tip　여느 온천과 마찬가지로 구사츠 온천에서는 수건을 대여하지 않고 판매한다. 따라서 개인 수건을 꼭 챙
기거나 수건 살 돈을 가져가야 한다.

욕탕

⊘ 야외
⊗ 실내
⊗ 독탕
⊘ 남탕/여탕
⊗ 남녀 혼탕
⊘ 다양한 옵션
⊘ 전망

목욕물

⊘ 온천수
⊗ 일반

기본 정보

¥ 가격
⊗ 셔틀버스
📵 문신

기타 편의시설

⊘ 수건 사용료
⊘ 사우나
⊗ 마사지
⊗ 음료
⊗ 식사
⊗ 숙박

추가 정보

⇨ ☎ 377-1700
群馬県吾妻郡草津町大字草津
521-3
0279-88-6167
www.sainokawara.com
월~일 07:00~20:00(4~11월),
09:00~20:00(12~3월)
나가노하라구사츠구치역에서
버스 이용

111

만자 온천

눈으로 뒤덮인 만자는 그야말로 황홀하다. 겨울이 되면 스키를 타러 이곳을 찾는 많은 사람들이 눈이 쌓인 봉우리와 꽁꽁 언 나무들, 그리고 짙은 수증기 속에 묻힌 노천탕을 만끽한다. 이곳의 눈은 가루처럼 부드러운 질감으로 유명하다. 온천 역시 천연 각질 제거제 역할을 하며, 원기 회복과 치유 효능이 뛰어난 것으로 잘 알려져 있다.

만자에서는 주변 환경이 한눈에 들어온다고 해도 과장이 아니다. 해발 1,800미터의 고지에 자리 잡고 있기 때문이다. 아사마산도 볼 수 있고 날씨가 맑은 날에는 저 멀리 어렴풋이 후지산의 모습이 보인다. 종종 한겨울에 유난히 하늘이 청명하고 화창한 날이 있는데, 시야 끝에 걸리는 위풍당당한 후지산 봉우리까지 온통 하얀 설원이 펼쳐진다.

겨울에 못 와도 낙담할 필요는 없다. 다른 계절에도 산악 지형과 산림 지대의 아름다운 전경을 감상할 수 있기 때문이다. 특히 가을에는 온 사방이 암갈색으로 물든다.

이곳에서 최고로 손꼽히는 욕탕은 주로 웅장한 료칸이나 북적거리는 호텔에서 운영하는 곳들이다. 하지만 대부분의 시설에서 주간 목욕 손님을 받는다. 게다가 도쿄에서 그다지 멀지 않다.

만자 프린스 호텔

만자 온천

높은 산등성이에 자리 잡은 만자 프린스 호텔은 스탠리 큐브릭 감독의 호러 영화 〈샤이닝〉에 등장하는 오버룩 호텔과 많이 닮았다. 넓은 공간 덕분에 수년간 '웅장한 호텔'이라는 명성을 이어오고 있다.

추운 겨울 온통 새하얀 세상이 만자 프린스 호텔을 둘러싼다. 스키를 타러 오는 손님들로 북적이는 것은 당연한 일이다. 가을에는 울긋불긋한 단풍이 호텔 주변을 붉게 물들이고 봄과 여름이 되면 강렬한 녹색 나뭇잎으로 뒤덮인다. 만자 프린스 호텔은 마치 산봉우리의 영주처럼 구름 위에 평온하게 앉아 사방을 살핀다.

미로 같은 복도와 널찍한 방과 함께 인상적인 욕탕을 갖추고 있는 이곳은 주간 온천객에게도 문이 활짝 열려있다. 9개의 노천탕이 호텔 곳곳에 흩어져 있는데, 객실에서 보이는 곳도 있다. 노천탕에서는 주변 산지가 한눈에 들어온다.

혼탕/여성 전용탕 그리고 남탕/여탕의 조합으로 탕 위치가 번갈아가며 바뀐다. 수줍음이 많은 온천객이라면 혼란스럽거나 당황스러울 수 있다. 입장하기 전에 어떤 종류의 욕탕인지 반드시 확인하고 성별에 맞는지 물어보는 것이 좋다. 그러나 남들 앞에 자신 있게 나서는 사람이라면 동요할 필요 없다. 코끝을 찌르는 냄새가 살짝 나는 탁한 욕탕에 주저 없이 들어갈 테니 말이다. 이곳의 온천수는 유황이 풍부해 피부를 부드럽게 만들고 탁월한 치유 효능을 자랑한다.

식사 또한 합리적인 가격대부터 신용카드가 있어야 하는 가격대까지 다양하게 준비되어 있다. 일식, 중식, 유럽식 중에서 고르거나 로비 라운지에서 커피와 케이크를 즐겨보자.

만자 온천 니신칸

만자 온천

니신칸은 사무라이의 대를 이을 남자 후계자들이 다니던 학교로, 열 살 때 입학해 불교 원리를 배웠다. 뿐만 아니라 군사 작전과 농업, 예술, 천문학도 가르쳤다. 예술 작품에 견줄 만한 멋진 휴식을 경험하고 싶다면 주저 없이 이곳을 추천한다.

말도 안 되게 아름다운 주변 시골 풍경에 기분도 덩달아 즐거워진다. 노천탕의 뜨거운 물에 몸을 담근 채 바라보는 산지 풍경을 쉽게 잊지 못할 것이다. 순백의 눈으로 뒤덮인 산꼭대기와 솜털 같은 구름으로 가득한 하늘, 그리고 하늘에 닿을 듯 우뚝 솟은 나무가 웅장한 산을 에워 싼다.

위풍당당한 매력을 뽐내는 야외가 부담스럽다면, 니신칸의 실내탕도 매우 훌륭하다. 아치형 천장이 있는 나무 욕탕으로 희고 매끄러운 온천수가 특징이다. 염화황산과 산성황화수소가 피부를 보드랍게 가꿔준다. 뿐만 아니라 장 질환, 당뇨, 류머티즘, 신경증 회복에도 도움이 된다고 알려져 있다. 물론 온천수의 효능보다는 긴장이 풀어지면서 스트레스 수치가 낮아지고 신경증 증세가 개선되는 것일 수도 있다.

욕탕

⊘ 야외
⊘ 실내
⊗ 독탕
⊘ 남탕/여탕
⊗ 남녀 혼탕
⊘ 다양한 옵션
⊘ 전망

목욕물

⊘ 온천수
⊗ 일반

기본 정보

Ⓦ 가격
⊗ 셔틀버스

기타 편의시설

⊘ 수건 사용료
⊗ 사우나
⊘ 마사지
⊘ 음료
⊘ 식사
⊘ 숙박

추가 정보

⇨ ㊦ 377-1528
群馬県吾妻郡嬬恋村大字干俣
万座温泉2401
0279-97-3131
www.manza.co.jp
월~일 10:00~17:00
만자가자와구치역에서 버스 이용

시마 온천

특정 계절에만 빛나는 온천 마을이 있다면, 시마 온천은 가을이 제철이다. 거무스름한 나무와 주홍색 나무가 가을색과 대조되어 특유의 분위기가 만들어진다.

그렇다고 해서 다른 계절에 시마 온천을 방문하지 말라는 것은 아니다. 계절마다 다른 특색과 방법으로 주변 경관에 활기를 불어넣는다. 또한 계절에 따라 다양한 야생 동물(특히 사슴)이 이곳을 찾는다. 쉬지 않고 지저귀는 새소리가 달라지면 새로운 계절이 찾아왔음을 알 수 있다. 시마 온천은 989년까지 거슬러 올라가는 정말 오래된 역사를 자랑한다. 물이 샘솟는 원천이 42곳이나 되며 최초로 국가에서 지정한 온천 마을이다. '시마'는 '4만'이라는 뜻으로, 4만 가지 병을 치유할 만큼 온천수의 효능이 뛰어나다고 알려져 있다.

이곳에 있는 6곳의 대중목욕탕 중 강의 갈림길에 자리 잡은 세이류노유를 먼저 방문해보자. 주간 목욕을 할 수 있고 강을 내려다보는 아름다운 노천탕이 마련되어 있다.

깊은 산속에 몸을 숨긴 채 시마강을 품고 있는 시마 온천은 고립되어 있어 매우 한적하다. 게다가 수천 년을 거슬러 올라가는 역사와 믿기 어려울 정도로 다양한 온천수를 갖추고 있다. 군마현을 대표하는 온천으로도 손색이 없다.

욕탕

⊗ 야외
⊘ 실내
⊗ 독탕
⊘ 남탕/여탕
⊘ 남녀 혼탕
⊗ 다양한 옵션
⊗ 전망

목욕물

⊘ 온천수
⊗ 일반

기본 정보

Ⓦ 가격
⊗ 셔틀버스

기타 편의시설

⊘ 수건 사용료
⊗ 사우나
⊗ 마사지
⊘ 음료
⊘ 식사
⊘ 숙박

추가 정보

⇨ ☎ 377-0601
   群馬県吾妻郡中之条町大字
   四万4236
   0279-64-2101
   www.sekizenkan.co.jp
   월~일 11:00~17:00
   나카노조역에서 버스 이용

세키젠칸

시마 온천

1691년에 지어진 세키젠칸의 메인 건물은 일본에서 가장 오래된 온천지 중 하나로 알려져 있다. 스튜디오 지브리에서 제작한 애니메이션 〈센과 치히로의 행방불명〉에 많은 영감을 준 것으로도 유명하다. 붉은색으로 칠한 다리와 인상적인 료칸 정면을 둘러보는 견학의 기회를 제공한다.

정교한 장인의 손길에 세련된 건축 디테일이 더해져 낮이나 밤이나 감탄을 자아낸다. 실내탕 겐로쿠노유가 특히 눈길을 끈다. 1930년 다이쇼 시대 스타일로 지어진 이 욕탕은 당시 건축 양식을 고스란히 보여준다. 아치형 창문과 모자이크식 타일 바닥, 그리고 로마식 목욕탕에서 영감을 받은 디테일(돌로 만든 용기)이 돋보인다. 일본에서 흔히 볼 수 있는 실내탕과 달리 타일 바닥에 5개의 욕탕이 준비되어 있다.

옛날에는 외국인 온천객에게 '질병 치료' 때문에 세키젠칸을 찾았다고 쓴 서류를 요구했다. 지금은 이러한 서류를 준비할 필요가 없지만, 온천수가 가진 치유 효능은 여전히 강력하다.

시마타무라

시마 온천

시마타무라는 1563년에 처음 문을 연 료칸으로, 예술의 경지에 오른 일본식 환대를 직접 경험할 수 있다. 건물 자체도 놀랍도록 아름답다. 삼각형 모양의 초가지붕 밑으로 전통식 나무 입구와 미닫이문이 온천객을 맞이한다. 주변을 둘러싼 산비탈의 모양을 그대로 본뜬 것처럼 보인다.

시마타무라에는 폭포 바로 옆에 자리 잡은 노천탕과 숲속에 숨은 7개의 온천탕이 있다. 세상과 멀리 떨어진 채 나뭇잎을 지붕 삼아 숲속 빈터의 냄새와 편백나무 사이를 오가는 동물에 둘러싸여 목욕하는 것이 꿈이었다면, 시마타무라에서 꿈을 이룰 수 있다.

욕탕

⊘ 야외
⊘ 실내
⊗ 독탕
⊗ 남탕/여탕
⊘ 남녀 혼탕
⊘ 다양한 옵션
⊘ 전망

목욕물

⊘ 온천수
⊗ 일반

기본 정보

ⓦ 가격
⊗ 셔틀버스

기타 편의시설

⊘ 수건 사용료
⊘ 사우나
⊗ 마사지
⊘ 음료
⊘ 식사
⊘ 숙박

추가 정보

⇨ 〒377-0601
群馬県吾妻郡中之条町大字
四万4180
0279-64-2111
www.shima-tamura.co.jp
월~일 10:00~17:00
나카노조역에서 버스 이용

Tip 우에노역 또는 도쿄역에서 기차를 이용할 수 있다.

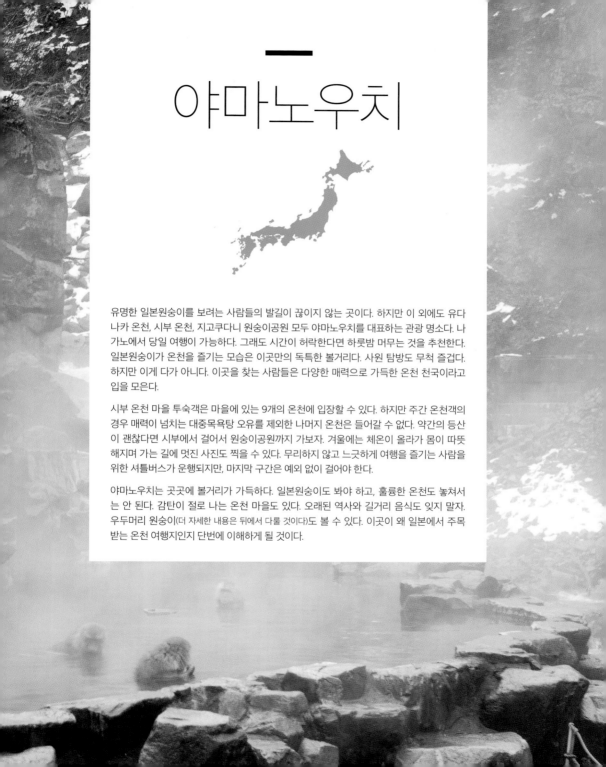

야마노우치

유명한 일본원숭이를 보려는 사람들의 발길이 끊이지 않는 곳이다. 하지만 이 외에도 유다나카 온천, 시부 온천, 지고쿠다니 원숭이공원 모두 야마노우치를 대표하는 관광 명소다. 나가노에서 당일 여행이 가능하다. 그래도 시간이 허락한다면 하룻밤 머무는 것을 추천한다. 일본원숭이가 온천을 즐기는 모습은 이곳만의 독특한 볼거리다. 사원 탐방도 무척 즐겁다. 하지만 이게 다가 아니다. 이곳을 찾는 사람들은 다양한 매력으로 가득한 온천 천국이라고 입을 모은다.

시부 온천 마을 투숙객은 마을에 있는 9개의 온천에 입장할 수 있다. 하지만 주간 온천객의 경우 매력이 넘치는 대중목욕탕 오유를 제외한 나머지 온천은 들어갈 수 없다. 약간의 등산이 괜찮다면 시부에서 걸어서 원숭이공원까지 가보자. 겨울에는 체온이 올라가 몸이 따뜻해지며 가는 길에 멋진 사진도 찍을 수 있다. 무리하지 않고 느긋하게 여행을 즐기는 사람을 위한 셔틀버스가 운행되지만, 마지막 구간은 예외 없이 걸어야 한다.

야마노우치는 곳곳에 볼거리가 가득하다. 일본원숭이도 봐야 하고, 훌륭한 온천도 놓쳐서는 안 된다. 감탄이 절로 나는 온천 마을도 있다. 오래된 역사와 길거리 음식도 잊지 말자. 우두머리 원숭이(더 자세한 내용은 뒤에서 다룰 것이다)도 볼 수 있다. 이곳이 왜 일본에서 주목받는 온천 여행지인지 단번에 이해하게 될 것이다.

욕탕

- ✓ 야외
- ✓ 실내
- ✗ 독탕
- ✓ 남탕/여탕
- ✗ 남녀 혼탕
- ✓ 다양한 옵션
- ✗ 전망

목욕물

- ✓ 온천수
- ✗ 일반

기본 정보

- ⓘ 가격
- ✗ 셔틀버스

기타 편의시설

- ✓ 수건 사용료
- ✗ 사우나
- ✗ 마사지
- ✓ 음료
- ✗ 식사
- ✗ 숙박

추가 정보

- ⇨ ☎ 381-0401
  長野県下高井郡山ノ内町大字
  平穏3227-1
  0269-33-2133
  월~일 10:00~21:00, 매달 첫째
  주 화 휴무
  유다나카역

가에데노유

야마노우치, 유다나카 온천

유다나카 온천 마을은 나가노역에서 출발하는 나가노덴테츠 노선의 종점이다. 주변 지역의 볼거리와 놀거리를 즐기기 위해 많은 사람이 이곳에서 하차한다.

기차역이 있는 자그마한 마을로, 시부 온천과 원숭이공원이 가깝다. 카페와 편의점이 있어 비교적 현대적인 분위기지만, 언덕을 따라 올라가면 금세 옛 정취를 느낄 수 있다. 한 폭의 그림 같은 아기자기한 온천이 거품과 수증기를 내뿜으며 손님들을 맞이한다. 지역 장인은 손수 만든 물건을 팔기도 한다. 새로 지어진 건물들 사이로 마을의 오래된 유적들이 조화를 이루며 서 있다.

가에데노유는 규모가 작은 동네 온천으로, 유다나카역 뒤편에 숨어있다. 마을의 유일한 대중목욕탕이며 주간 온천객을 받는 몇 안 되는 시설 중 하나다. 기차역으로 쓰던 건물을 개조해 온천을 만들었다. 가식 없는 분위기와 정겨운 동네 느낌이 물씬 나는 밝고 친절한 야마노우치 지역을 대표하는 곳이다. 우리는 이곳에서 동네 센토를 떠올렸다. 물론 천연 온천수는 큰 장점이다.

2개의 실내탕과 노천탕에 뜨끈뜨끈하고 효능이 뛰어난 온천수가 가득하다. 로비에는 마을 행사를 알리는 전단지와 포스터가 빼곡하게 붙어있다. 이곳 직원들은 초급 수준인 우리의 일본어를 듣고 매우 기뻐했다. 그리고 근처에서 재배한 아삭거리는 사과를 하나씩 선물해주었다. 가에데노유 뒤편에는 무료라는 것이 믿기지 않을 만큼 훌륭한 족욕탕이 있다. 직원들이 선물한 사과는 400년이 된 유명한 단풍나무의 그늘 밑에 앉아 족욕탕에 발을 담근 채 먹기에 완벽한 간식이었다.

오유
야마노우치, 시부 온천

요코유강 옆에 자리 잡은 작고 투박한 시부 온천 마을 곳곳에 오래된 역사를 자랑하는 료칸과 지은 지 100년도 더 된 건물들이 흩어져 있다. 구불구불한 좁은 거리와 아시유(족욕탕), 사원, 상점과 식당 등이 있어 나들이 장소로 훌륭하다.

달걀을 삶을 수 있는 온천과 유명한 '온천 꽃(온천수에 핀 미네랄)'을 만나게 될 것이다. 매우 운이 좋다면 먹이를 찾아 마을로 내려온 일본원숭이를 만날 수도 있다. 여름에는 마을 전체가 축제 분위기로 들썩인다. 현지인과 관광객이 알록달록한 유카타를 입고 길거리를 배회한다.

이곳의 온천수를 찬양하는 글과 노래도 많다. 곳곳에서 돌에 새겨진 시인 고바야시 잇사의 작품들을 만날 수 있다. 사나다 막부의 사무라이들이 긴 전투를 마치고 이곳을 찾아 피로를 풀었다.

투숙객에게는 마을에 있는 9개의 대중목욕탕 열쇠가 전부 제공된다. 모든 온천을 방문할 계획이라면 하룻밤 머무는 것도 나쁘지 않다. 시부의 유일한 대중목욕탕인 오유(아홉 번째 목욕탕)에서만 주간 온천객을 받는다.

오유의 투박한 옅은 색의 나무 외관과 파란색 노렌이 전통적인 매력을 더한다. 안으로 들어가면 희끄무레한 나무 벽이 자그마한 나무 욕조에 있는 노란빛의 물과 조화를 이룬다. 유다나카와 원숭이공원을 다녀온 후 열탕에 몸을 담그고 편안하게 쉬기에 더할 나위 없이 완벽하다.

온천지에서 끊임없이 샘솟는 시부의 온천수는 상처 회복부터 임신까지 다양한 효능이 있다고 알려져 있다.

욕탕

⊗ 야외
✓ 실내
⊗ 독탕
✓ 남탕/여탕
⊗ 남녀 혼탕
⊗ 다양한 옵션
⊗ 전망

목욕물

✓ 온천수
⊗ 일반

기본 정보

① 가격
⊗ 셔틀버스

기타 편의시설

✓ 수건 사용료
⊗ 사우나
⊗ 마사지
✓ 음료
✓ 식사
⊗ 숙박

추가 정보

⇨ ㊦ 381-0401
長野県下高井郡山ノ内町大字
平穏
0269-33-2921
월~일 10:00~16:00
유다나카역에서 버스 탑승 후 시
부 온천에서 하차

Tip 유다나카역에서 시부 온천까지 버스로는 5분, 도보로는 30분이 걸린다.

지고쿠다니 야생원숭이공원

⇨ ☎381-0401
長野県下高井郡山ノ内町大字
平穩6845
0269-33-4379
www.jigokudani-yaenkoen.
co.jp
월~일 08:30~17:00(여름),
09:00~16:00(겨울)
유다나카역에서 버스 탑승 후
시가코겐에서 하차

지고쿠다니 야생원숭이공원

야마노우치, 지고쿠다니

원숭이공원이 있는 지고쿠다니 온천은 눈으로 뒤덮인 산을 동화에 나올 법한 마법의 세계로 변신시킨다. 그런가 하면 가을 풍경은 평온한 금빛 천국으로 뒤바뀐다.

시부 온천에서 걸어서 1시간가량 걸린다. 셔틀버스를 타고 35분이 걸리는 숲속 등산로 초입에서 내려도 된다. 겨울에는 길이 꽁꽁 얼어 미끄럽다. 따라서 적절한 신발을 신거나 클립으로 고정하는 눈길용 스파이크를 준비해야 한다.

가는 길에 주간 온천이 여러 곳 있는데, 잠시 들러 목욕하거나 겨울에는 몸을 녹일 수 있다. 매력적인 간바야시 온천의 로비는 산장을 떠올리게 한다. 예술 작품도 꽤 인상적이다.

등산로의 끝에 다다르면 세계에서 유일하게 전용 온천을 즐기는 야생 원숭이를 만날 수 있다. 새하얀 겨울에는 부드러운 눈송이가 원숭이의 털 위에 살포시 내려앉는다. 원숭이들은 기분이 내키면 김이 피어오르는 자그마한 암반탕으로 첨벙 뛰어든다.

호화스러운 생활을 즐기는 원숭이 무리가 눈밭을 파헤친다. 사진을 찍기 위해 포즈를 취하게 하려고 아무리 불러봐도 소용없다. 원숭이 눈에는 그저 전용 온천이 없는 인간일 뿐이다.

우두머리 원숭이를 찾아보자. 식사 시간에 가장 먼저 먹이를 먹는 원숭이가 우두머리다. 그 다음으로 우두머리 원숭이의 가족과 나머지 원숭이가 식사를 한다. 기념품 가게에 가면 예전 우두머리 원숭이들의 사진이 걸려있다. 원숭이 온천 주변에는 사람들의 접근을 막기 위한 별도의 시설이 없으므로 마음껏 셔터를 눌러도 좋다.

지고쿠다니 온천 고라쿠칸

야마노우치, 지고쿠다니

지고쿠다니 온천 고라쿠칸은 투숙객만 받는 료칸이다. 산 가장자리에 있어 빼어난 절경을 감상할 수 있다. 황홀한 풍경에 나도 모르게 마음을 뺏기고 만다.

일본원숭이와 같은 공간을 공유하고 싶다면 이곳에서 머무는 것을 추천한다. 노천탕에서 조용히 온천을 즐기는 동안 몸집이 작은 야생 원숭이 몇 마리가 물속으로 들어오기도 한다. 온천 원숭이를 좋아하는 사람(생각보다 많다)에게는 천국이 따로 없다. 방마다 전용 노천탕이 있어 수다스러운 원숭이 무리가 먹이를 찾거나 다음 목욕을 계획하는 모습을 마음껏 구경할 수 있다.

이곳에는 주간 요금이 따로 없고 투숙객만 받는다. 하지만 귀여운 원숭이를 실컷 볼 수 있는 곳이라 소개할 가치가 충분하다.

지고쿠다니 온천 고라쿠칸
⇨ ☎381-0401
長野県下高井郡山ノ内町大字
平穏6818
0269-33-4376
www.jigokudanionsen.com
유다나카역에서 버스 탑승 후 시가코겐에서 하차

노자와 온천

노자와는 스키 마니아가 많이 찾는 곳이다. 눈이 많이 내리는데다 설질이 좋고 가파른 경사가 곳곳에 있기 때문이다. 또한 노자와에는 매우 독특한 온천이 있다.

이곳은 근처에 30개의 온천지가 있어 신뢰할 수 있는 온천 마을이라는 이미지를 갖고 있다. 특히 오가마 온천지가 볼 만하다. '마을 사람들의 부엌'이라는 별명이 붙은 곳으로 많은 현지인이 달걀을 삶거나 채소를 익히기도 하고 절임 요리를 만들기도 한다. 동네 사람들의 생활 방식을 접하는 문화 체험이 될 것이다.

노자와에는 13개의 대중목욕탕(소토유)이 있는데, 대부분 무료다. 에도 시대 때부터 마을 사람들의 보살핌 아래 보존되어 왔다. 수건과 목욕용품을 챙기는 것을 잊지 말자.

세계 각국에서 몰려드는 글로벌한 외부인들과 달리 이곳에는 8세대에 걸쳐 운영되고 있는 상점들도 있다. 이렇듯 꾸밈없는 마을 본연의 모습이 아직도 살아 숨 쉰다. 좁고 오래된 길거리를 따라 잡동사니와 지역 특산품을 파는 가게, 매력적인 료칸, 족욕탕, 온천지, 온천 달걀을 익힐 수 있는 공간, 만두를 파는 가판대 등이 늘어서 있다. 노자와는 단순 스키 여행지를 넘어 일본의 본질을 경험할 수 있는 마을이다.

결이 긴 보라색 쌀과 당근 아이스크림은 노자와의 특산품인 동시에 노자와를 방문해야 할 또 다른 이유이기도 하다.

노자와 주변 온천
노자와 온천

사실 하나하나 따져보면 목욕탕마다 독특한 매력과 아름다움을 지니고 있다. 가능하다면 13개의 목욕탕을 모두 방문한 다음 가장 마음에 드는 곳을 골라보자. 마츠바노유는 멋진 2층짜리 목욕탕으로, 오가마에서 샘솟는 희끄무레한 유황물로 유명하다. 마비와 신경통, 류머티즘, 당뇨에 탁월한 효과가 있다고 한다. 온천수에 달걀을 넣고 삶을 수도 있다.

나카오노유는 마을에서 가장 큰 욕탕이다. 칼슘과 유황이 풍부한 온천수가 피부를 깨끗하게 만들어주고 무엇보다 납과 수은 중독에 좋다고 알려져 있다.

구마노테아라유는 옅은 색의 목조 건물이 사랑스럽다. 온천수에 들어있는 황산칼슘과 소금, 유황이 피부를 아름답게 가꾸는 동시에 상처나 화상을 치료한다.

가미테라유와 아사가마노유 둘 다 치유 효능이 뛰어난 오가마의 온천수를 사용한다. 그림같이 멋진 외관과 안락한 내부가 특징이다. 황산칼슘과 소금, 유황을 함유하고 있어 당뇨와 피부질환, 신경통에 효과가 뛰어나다.

산속에 자리 잡은 다키노유의 온천수는 투명한 초록색을 띠고 있다. 동네 사람들이 가장 즐겨 찾는 곳이다. 질병으로부터 회복 중인 사람에게 특히 좋다고 알려져 있다.

여기에 소개된 온천들은 빙산의 일각에 불과하다. 나만의 보물을 찾기 위해 노자와 구석구석을 둘러보자.

노자와 온천 안내소

⇨ ☏389-2502
長野県下高井郡野沢温泉村大
字豊郷9780-4
0269-85-3155
www.nozawakanko.jp
대부분 월~일 10:00~20:00
이야마역에서 버스 탑승 후 도
가리노자와온센에서 하차

일본 북부

나루코 온천

북쪽 지방, 특히 나루코는 고케시(전통 나무 인형)의 고장으로 유명하다. 이 상징적 인형을 실제 사람보다 크게 만들어 길거리 모퉁이에 세워놓고 우편함으로 사용하는 온천도 있다. 나루코 온천 신사 옆으로 고케시가 줄지어 서 있는 모습도 볼 수 있다. 신사를 찾아 '아이라는 축복'을 내려달라고 기도해보자. 만약 진짜 아이가 어렵다면 마음에 쏙 드는 고케시를 찾게 해달라고 빌어도 좋다. 대개 고케시는 19세기 전통 방식으로 만든다. 흔들거리는 고개를 옆으로 돌리면 삐걱거리는 소리가 난다. 일본 고케시 박물관과 여러 상점에서 손으로 만든 아름다운 인형을 진열한 것을 볼 수 있다.

나루코 온천의 시작은 화산 폭발이 일어난 837년으로 거슬러 올라간다. 화산이 폭발하면서 치유 능력이 있는 온천수가 다양한 경로를 통해 지역으로 뻗어 나갔다. 주변에 수백 개의 온천지가 있는데, 일본에서 나오는 온천수 11종 중 9종이 이곳에서 샘솟는다. 또한 일본에서 가장 수질이 뛰어난 식수를 만날 수 있다.

겨울이 되면 새하얀 눈과 짙은 색의 나무가 대조되어 더욱 아름다운 절경이 펼쳐진다. 모든 세상이 눈 속에 파묻히고 거리도 꽁꽁 얼어 미끄럽다. 얼음처럼 차가운 공기가 몸에 닿는 순간 뜨끈뜨끈한 온천의 열기가 그리워지는데, 온천 마을인 나루코에 와있으니 운이 좋은 셈이다.

다키노유
나루코 온천

기차역에서 언덕을 따라 산책을 하거나 오랜 역사를 간직한 대중목욕탕에서 목욕을 즐겨보자. 다키노유(폭포 목욕탕이라는 뜻이다)는 몇백 년의 역사를 자랑하는 매력적인 실내 목욕탕이다. 나무 수로를 통해 외부에서 흘러 들어온 물은 다시 배관을 거쳐 목욕하는 손님에게 다다른다. 건물 정면은 소박하고 우아하다. 적당한 크기의 욕탕은 사람들과 어울리거나 온천에서 오갈 법한 대화를 나누기에 적합하다.

이곳의 욕탕은 다른 곳에 비해 깊은 편이다. 남탕과 여탕 모두 욕탕 사이로 오래된 목판이 세워져 있다. 인테리어 소품으로도 손색이 없을 뿐만 아니라 수증기와 섞여 향긋한 나무 냄새가 욕탕에 퍼진다. 2개의 욕탕 중에서 온도가 더 높은 곳이 메인 욕탕이다. 끓는 물을 감당하기 힘들다면 목판 뒤에 있는 작고 네모난 욕탕으로 옮겨보자.

배관의 높이가 높기 때문에 폭포처럼 떨어지는 물줄기 밑에 앉아 온천 마사지를 즐길 수 있다. 이곳은 최소한의 목욕용품만 제공된다. 욕탕에 들어가기에 앞서 투박한 수도꼭지에서 나오는 물을 바가지에 담아 몸을 헹구면 된다. 물에 소량의 유황이 들어있어 희끄무레하며, 피부를 부드럽게 만들고 상처나 화상을 치유한다.

다키노유는 동네 사람들이 가장 좋아하는 아침 목욕 장소다.

와세다사지키유
나루코 온천

고케시에 마음을 빼앗겨 나루코를 찾은 디자인 애호가라면 이 현대적인 대중목욕탕과 사랑에 빠질 것이다. 건축 요소를 고려해 설계하고 지능적으로 시공한 이곳은 2개의 대중 욕탕을 갖추고 있다. 따라서 손님이 오래된 욕탕과 새로 지은 욕탕 중 마음에 드는 곳을 고를 수 있다. 수백 년의 전통을 자랑하는 마을이 어떻게 새롭게 재단장할 수 있는지를 보여주는 훌륭한 예다.

1948년 와세다대학교 학생들이 이곳에서 처음으로 온천을 발견했다. 와세다라는 이름도 이러한 이유 때문에 붙여졌다. 온천지를 찾기 위해 땅을 파던 학생들이 말 그대로 황금을 발견한 것이다. 몇십 년이 흐른 1998년, 건축가이자 와세다대학교 교수인 이시야마 오사무가 이 건물의 청사진을 설계했다.

사지키유는 대략 '상자 온천'으로 번역할 수 있다. 이름에서 알 수 있듯이 개성 넘치는 네모난 나무 욕탕을 갖추고 있다. 남탕과 여탕에 각각 여러 개의 욕탕이 있지만, 전반적으로 비좁은 편이다. 부끄러움을 많이 타는 온천객에게 이곳은 적합하지 않다. 다른 사람들과 함께 모여 그날 있었던 일이나 목욕탕의 역사, 목욕탕에 대한 흥미로운 점 등을 이야기하는 곳이기 때문이다. 미색 외관과 천장까지 우뚝 솟은 나무 기둥, 물기둥, 그리고 따뜻하게 데운 콘크리트 바닥을 갖춘 작은 보석함인 셈이다. 소박하지만 꾸밈없는 모습이 마음을 사로잡는다.

다키노유와는 다른 종류의 온천수를 사용한다. 특이하게도 초록색을 띠며 특수한 전용 온천지에서 끌어 온다. 깊은 땅속에서 샘솟은 미네랄로 물든 나무 수로를 통해 물이 욕탕에 공급된다.

욕탕
- ⊗ 야외
- ✓ 실내
- ⊗ 독탕
- ✓ 남탕/여탕
- ⊗ 남녀 혼탕
- ⊗ 다양한 옵션
- ⊗ 전망

목욕물
- ✓ 온천수
- ⊗ 일반

기본 정보
- ⓘ 가격
- ⊗ 셔틀버스

기타 편의시설
- ✓ 수건 사용료
- ⊗ 사우나
- ⊗ 마사지
- ✓ 음료
- ✓ 식사
- ⊗ 숙박

추가 정보
⇨ ☎989-6822
宮城県大崎市鳴子温泉新屋敷
124-1
0229-83-4751
www.naruko.gr.jp/shukuhaku/
spa/01/index_2.php
월~일 09:00~21:30
나루코온센역

Tip 유메구리 티켓을 구입하면 최대 4곳의 온천에 입장할 수 있다. 티켓은 기차역에 있는 관광안내소 또는 어느 온천에서나 구입할 수 있다. 긴잔 온천에서 머물고 있다면 오이시다역에서 나루코온센역까지 기차를 한 번 갈아타야 한다.

근방 온천

우리는 일본 북부 지방을 정말 좋아한다. 말로 표현할 수 없는 아름다움을 지닌 곳으로, 직접 가보기 전에는 실제 풍경을 상상하기 어렵다.

겨울에는 주변을 에워싼 숲과 산맥, 그리고 한적한 마을까지 모두 새하얀 눈밭으로 변한다. 날씨가 좀 더 따뜻해지면 바람에 흐느적거리는 나무가 마치 광활한 바다의 파도처럼 보인다. 가장 영광스러웠던 시절의 유물과 사원, 료칸, 오래된 구조물과 천혜의 아름다움을 품은 장소들이 무성한 수풀 속에 숨어있다.

자오 주변 온천
자오 온천

자오관광협회
⇨ ☎990-2301
山形県山形市蔵王温泉708-1
023-694-9328
www.zao-spa.or.jp
야마가타역에서 버스 이용

겨울이 오면 자오 온천(야마가타역에서 버스로 40분 거리에 있다)은 일본에서 최고로 손꼽히는 스키 리조트로 변모한다. 주변에는 하얀 눈으로 뒤덮인 침엽수가 가득하다. 하지만 계절이 바뀌면 주변 자연도 함께 달라진다. 점점 더 푸르게 변하는 나뭇잎과 함께 야외 활동을 즐기는 사람들이 자오를 찾는다.

자오 온천에는 야외 스파를 즐길 수 있는 훌륭한 목욕탕이 많다. 신자에몬노유에 있는 커다란 유황탕은 주변을 둘러싼 숲을 내다보고 있다. 이곳의 물은 피부를 아름답게 가꾸어 준다고 잘 알려져 있다. 목욕이 끝난 후 한결 더 부드러워진 피부를 느낄 수 있다. 다이로텐부로는 야외에 있는 커다란 대중 스파로, 산골짜기 낮은 곳에 자리 잡고 있다. 이곳의 물은 치유 효능이 뛰어나다. 겨울철(11~4월)에는 눈이 너무 많이 내려서 문을 닫는다는 것이 한 가지 단점이다. 겨울 왕국으로 명성이 자자한 자오에서 쉽게 예상하지 못할 일이기는 하지만, 날씨가 따뜻할 때 감탄이 절로 나오는 풍경을 감상하는 것도 좋다.

야외 스파인 겐시치로텐노유 역시 바위로 둘러싸인 노천탕의 푸르스름한 물에 몸을 담그고 풍성한 관목 숲을 바라보기에 더할 나위 없이 완벽한 곳이다. 이 외에도 시모유, 가와라유, 가미유 등 3곳의 대중목욕탕이 있다. 특히 시모유의 전통적인 목조 외관은 단번에 눈길을 사로잡는다. 대중목욕탕 입구에 있는 무인 요금함에 200엔을 내고 들어가면 된다. 옛 향수를 그대로 간직하고 있는 대중목욕탕에 들어서면 마음이 절로 편안해진다. 고케시 인형이 달린 팔찌 형태의 온천 패스를 구입해도 좋다. 저렴한 가격으로 근처에 있는 여러 온천에 입장할 수 있다.

자오에는 또한 매력적인 족욕탕이 3곳이나 있다. 나무로 만든 로바타와 시미즈에서는 전통적인 분위기를 만끽할 수 있다. 반면 신자에몬노유에 있는 족욕탕은 보다 현대적이고 널찍하다. 원하는 족욕탕을 골라 하루 종일 고생한 발에 휴가를 선물해보자.

긴잔 온천

긴잔을 산책하다 보면 어느새 시간을 거슬러 올라가 일본 초기 시대의 전통 마을에 뚝 떨어진 듯한 기분이 든다.

긴잔강 강둑을 따라 목조 건물들이 자리 잡고 있다. 건물들은 하나같이 다이쇼 시대와 쇼와 시대가 공존했던 과도기 시절을 떠올리게 한다. 당시 일본은 서양 국가들에 문호를 개방했다. 그 결과 발코니와 난간 등 서양식 건축 요소들이 더해진 것을 볼 수 있다.

밤늦게까지 긴잔에 머문다면 가스램프가 밝게 비추는 작은 다리를 건너보자. 료칸 투숙객들이 유카타를 입고 돌아다니는 모습도 구경할 수 있다. 깜깜한 밤에 마법 같은 세상이 펼쳐진다. 겨울이 되면 이곳은 겨울 왕국으로 변한다. 매 순간 공기 중에 로맨스가 떠다니는 동화 속 일본 마을을 경험할 수 있다.

긴잔은 특히 연인들에게 어울리는 곳이다. 가족 단위의 여행객은 아이들을 위한 놀거리가 부족하다고 느낄 수 있다. 게다가 이곳은 여전히 현금을 주고받는다. 마을에 우체국과 약간의 기념품 가게, 멋진 재즈 카페가 있긴 하지만 아름다운 료칸과 감탄이 절로 나는 풍경 외에는 사실 볼거리가 많지 않다.

야마가타 관광정보센터
⇨ ☎990-8580
山形県山形市城南町1-1-1霞城
セントラル1F
023-647-2333
yamagatakanko.com/onsen
detail/?data_id=2832
오이시다역에서 버스 탑승 후 긴
잔 온천에서 하차

긴잔 주변 온천

긴잔 온천

주간 목욕 손님을 받는 저렴한 대중목욕탕이 3곳 있다. 유명 건축가인 구마 겐고가 설계한 단순하고 현대적인 목욕탕 시로가네유, 안락한 분위기의 가지카유, 그리고 예약이 가능한 목욕탕인 오모카게유가 그것이다. 아침 6시부터 밤 10시까지 운영하는 족욕탕 와라시유도 빼놓을 수 없다. 기다란 목조 구조물에 앉아 뜨거운 물에 지친 발을 담근 채 아름다운 마을 전경을 감상하거나 회반죽 장인의 손을 거친 고테에(회반죽 장식) 작품으로 장식된 건물 벽을 구경할 수 있다. 대중목욕탕 외에도 주간 온천객을 받는 료칸도 있다. 이 지역을 대표하는 음식인 카레빵이나 온천 두부도 잊지 말고 맛보자.

일본에서 예약이 가능한 전용 가족탕 같은 대중목욕탕은 매우 보기 드물다. 그런데 그런 곳이 긴잔에 있다. 오모카게유에서는 2,000엔을 내면 50분 동안 단독으로 욕탕을 쓸 수 있다. 예약할 만한 가치가 충분하다. 이곳의 짭짤한 황화수소 온천수는 신경통과 류머티즘, 피부 질환, 상처 치료에 탁월하다고 알려져 있다.

가지카유는 편안한 분위기의 저렴한 욕탕으로 미리 예약할 수 있다. 중학생은 입장료가 무료다. 중학생으로 붐비는 욕탕이 싫다면 들어가기 전에 미리 확인하는 것이 좋다. 긴잔소에는 주간 온천객도 사용할 수 있는 훌륭한 암반탕이 있다. 또한 안락한 커플탕도 마련되어 있는데, TV를 보면서 소중한 사람과 온천을 즐길 수 있다.

고세키야는 박 모양의 실내탕이 매력적이다. 스테인드글라스 창문이 달린 직사각형 모양의 욕탕도 있다. 둘 다 저렴한 가격에 이용할 수 있는데, 충분히 가볼 만하다. 이대로는 부족하다는 손님을 위해 이곳의 자연 경관을 마음껏 즐길 수 있는 노천탕도 준비되어 있다.

다키미칸은 근처에 있는 소바 음식점에서 운영하는 온천이다. 일본의 대표 음식인 소바면이 그러하듯 뜨거운 물에 몸을 담그면 소바면의 시선으로 세상을 바라보게 된다. 소바가 나오는 맛있는 점심 세트 메뉴가 더욱 만족스러울 것이다. 이곳의 욕탕은 마을과 자연 경관이 한눈에 들어오는 멋진 전망을 자랑한다.

시로가네유
긴잔 온천

날렵한 디자인이 인상적인 시내 중심지의 후지야 료칸과 시로가네유 둘 다 건축가 구마 겐고가 설계했다. 새것과 옛것이 조화를 이루는 공간을 찾고 있다면, 후지야 료칸과 더불어 이 온천 건물이 매우 흡족할 것이다. 새로 지은 건물은 주변 건물의 오래된 디테일을 참고하면서도 지역 분위기에 새로운 활기를 불어넣는다.

　시로가네유는 전통 온천에 둘러싸인 현대적 공간으로 주변 환경과 완벽한 조화를 이룬다. 군더더기 없는 실내에는 짙은 색의 각진 숫돌이 놓여 있는데, 물이 졸졸 흐르는 삼각형 모양의 돌이 건물 모퉁이에 빈틈없이 들어맞는다. 발을 친 덕분에 마치 야외에 있는 듯한 기분이 든다. 아래층으로 내려가면 뜨거운 김이 피어오르는 동굴 욕탕이 있다. 남들의 시선을 피해 숨어서 걱정을 씻어내기에 안성맞춤이다. 포근한 느낌을 주는 건물 외관의 어두운 색의 나무와 뒤로 보이는 연한 점판암 절벽이 훌륭한 대비를 이룬다. 격자 모양의 나무 외관은 후지야 료칸과 많이 닮았다. 해가 진 후 조명이 켜지면 시로가네유의 모습이 마치 나무로 만든 신비로운 퍼즐 상자처럼 보인다. 어서 상자 안에 감춰진 미스터리를 풀고 싶어질 것이다. 그에 반해 내부는 놀랍도록 간소하다. 욕탕은 긴잔 건축의 지난날에 대한 찬가이자 앞으로 다가올 날에 대한 고찰을 담고 있다.

욕탕

- ⊗ 야외
- ⊘ 실내
- ⊗ 독탕
- ⊘ 남탕/여탕
- ⊗ 남녀 혼탕
- ⊘ 다양한 옵션
- ⊘ 전망

목욕물

- ⊘ 온천수
- ⊗ 일반

기본 정보

- ⑪ 가격
- ⊗ 셔틀버스

기타 편의시설

- ⊘ 수건 사용료
- ⊗ 사우나
- ⊗ 마사지
- ⊘ 음료
- ⊗ 식사
- ⊗ 숙박

추가 정보

⇨ ☏ 999-4333
山形県尾花沢市大字銀山新畑
433
0237-28-3933
월~일 08:00~17:00
오이시다역에서 버스 탑승 후 긴잔 온천에서 하차

뉴토 온천

너도밤나무가 빽빽하게 들어선 산 주변으로 낮게 걸린 구름 아래 동화에 나올 법한 온천 마을이 숨어있다. 뉴토 온천은 전국적인 유명세를 자랑하는데, 7개의 비밀스러운 온천 모두 신비로운 매력을 갖고 있다.

지붕에 모형 온천탕을 매달은 온천 버스가 각 온천에 손님들을 내려준다. 이 책에는 츠루노유, 다에노유, 구로유가 소개되어 있지만, 뉴토 온천 마을에 있는 모든 온천이 특별하다. 오가마 온천은 한때 학교로 쓰였던 한 폭의 그림 같은 오래된 목조 건물에 자리 잡고 있다. 1846년에 처음 문을 연 가니바 온천에는 아름다운 노천 혼탕이 너도밤나무 숲 사이에 숨어 있다. 그런가 하면 마고로쿠 온천은 강 하류 기슭에 살포시 앉아있다. 지하에서 보글거리며 샘솟는 '치유 능력이 뛰어난 산수'로 잘 알려져 있다. 좀 더 현대적인 스파 시설인 규카무라 온천에서는 수원에서 끌어온 두 종류의 물이 커다란 욕탕을 가득 채운다.

뉴토에는 일본에서 최고로 손꼽히는 등산로가 많다. 빼어난 경치를 자랑하는 칼데라 다자와호수를 비롯해 곳곳에서 화산의 흔적과 분화구를 찾아볼 수 있다. 스키 시즌이 되면 산장을 찾는 사람들이 많아진다. 물파초가 활짝 핀 신기한 습지도 있다. 뉴토는 마치 다른 세상에 온 듯한 진기한 경험으로 가득하다. 온천 모험가라면 절대 놓쳐서는 안 된다.

욕탕

⊘ 야외
⊘ 실내
⊗ 독탕
⊘ 남탕/여탕
⊘ 남녀 혼탕
⊘ 다양한 옵션
⊘ 전망

목욕물

⊘ 온천수
⊗ 일반

기본 정보

ⓘ 가격
⊗ 셔틀버스

기타 편의시설

⊘ 수건 사용료
⊘ 사우나
⊗ 마사지
⊘ 음료
⊘ 식사
⊘ 숙박

추가 정보

⇨ ☎014-1201
　秋田県仙北市田沢湖生保内駒
　ケ岳2-1
　0187-46-2740
　www.taenoyu.com
　월~일 10:00~15:00
　다자와코역에서 버스 탑승 후 다
　에노유에서 하차

다에노유
뉴토 온천

가장 먼저 짚고 넘어가야 할 것이 있다. 이곳의 버스 정류장은 너무나도 훌륭하다. 나무로 만든 정류장 위에 새들이 줄지어 앉아있다. 아마도 전 세계에서 가장 풍경이 아름다운 하차 지점일 것이다. 다리와 강을 내다보는 전경 또한 흠잡을 데 없이 완벽하다. 강가에 자리 잡은 다에노유의 외관은 검은색과 흰색이 극명한 대비를 이루고 있어 사진 배경으로 탁월하다. 저 멀리 보이는 폭포에도 주목하자. 온천탕에서도 폭포를 감상할 수 있다.

세련된 느낌의 다에노유는 뉴토 온천 도장 찍기에 빠져서는 안 될 곳이다. 규모는 작아도 매력이 넘치며 전망도 훌륭하다. 아름다운 폭포가 한눈에 들어온다.

삼나무로 만든 2개의 욕탕 중 아무 곳에나 들어가 치유 능력이 탁월한 온천수에 몸을 담그고 그림 같은 폭포와 거센 강물을 하염없이 바라보는 것도 좋다. 뜨끈뜨끈한 온천수와 훌륭한 전망 덕분에 저절로 긴장이 풀린다. 이곳의 물에는 황산염분과 칼슘, 마그네슘이 풍부하다. 피부병과 소화불량, 동맥경화 증상을 완화한다고 알려져 있다. 저렴한 입장료를 생각하면 결코 손해 보는 거래는 아니다.

바깥에는 아기자기한 크기의 혼탕이 마련되어 있다. 용기를 가지되 다른 사람을 지나치게 오래 쳐다보는 실례를 범하지 않도록 주의한다. 타인의 사생활을 존중하는 것이 중요하다. 실내에는 남탕과 여탕, 그리고 자연을 내다보는 작은 암반탕이 있다. 노천탕에 비해 수온이 매우 높으므로 조심해야 한다.

구로유
뉴토 온천

환상적인 산속 도피처, 체류지, 조용한 천국. 어떻게 불리느냐는 중요하지 않다. 구로유에 도착하는 순간 복잡한 마음이 정리되고 영혼이 차분해진다.

    뉴토 온천에서 가장 멀리 떨어져 있지만 동시에 가장 풍부한 경험을 선사한다. 에도 시대 건물의 초가지붕이 부드럽게 내려다보는 가운데 황화수소와 산성 유황이 풍부한 온천수가 여러 온천으로 물을 흘려보낸다.

    황화수소와 산을 함유한 온천수는 혈액 순환과 당뇨에 좋고 고혈압을 낮춘다고 알려져 있다. 실내탕은 넉넉하게 준비되어 있다. 시골 느낌이 물씬 풍기는 노천탕은 마치 시간이 주변에 있는 나무와 땅, 굴러다니는 돌을 재료 삼아 만든 것 같다. 해 질 무렵이면 건물과 오두막 주변에 조명이 켜지면서 커다란 등불처럼 보인다.

    구로유로 향하는 길은 특히 겨울철에 위험하다. 그만큼 외진 곳에 자리 잡고 있다. 따라서 겨울을 제외한 나머지 계절에 방문하는 것이 좋다. 그중에서도 가을과 함께 찾아오는 아름다움은 단연 최고다. 풍성한 나뭇잎이 계곡을 온통 붉게 물들인다.

    이곳에서는 속은 하얗고 껍질만 새까맣게 변할 때까지 유황수에 삶은 '검은 달걀'을 맛볼 수 있다. 유황물이 박테리아를 없애기 때문에 달걀의 싱싱함이 더욱 오래간다. 어쩌면 우리의 젊음도 더욱 오래 지속될지도 모른다.

욕탕

⊘ 야외
⊘ 실내
⊗ 독탕
⊘ 남탕/여탕
⊘ 남녀 혼탕
⊘ 다양한 옵션
⊘ 전망

목욕물

⊘ 온천수
⊗ 일반

기본 정보

ⓘ 가격
⊗ 셔틀버스

기타 편의시설

⊘ 수건 사용료
⊘ 사우나
⊗ 마사지
⊘ 음료
⊘ 식사
⊘ 숙박

추가 정보

⇨ ☎014-1201
　秋田県仙北市田沢湖生保内黒湯沢2-1
　0187-46-2214
　www.kuroyu.com
　월~일 09:00~16:00(4월 중순~11월 상순)
　다자와코역에서 버스 탑승 후 규카무라 앞에서 하차

Tip 가을이나 봄의 끝자락에 구로유를 방문할 계획이라면 영업 날짜를 확인하는 것이 좋다. 가장 처음 찾은 온천에서 뉴토 온천 패스에 대해 물어보자. 합리적인 가격으로 여러 온천과 셔틀버스를 이용할 수 있다.

츠루노유

뉴토 온천

에도 시대 때 사무라이가 잠시 들렀던 숙소였다. 뉴토산의 품에 안긴 츠루노유를 졸졸거리는 물줄기가 부드럽게 쓰다듬는다. 이곳은 뉴토에서 가장 오래된 온천으로, 1600년대 중반에 처음 문을 열었다. 새까만 목조 건물이 놀랍도록 투박한 아름다움을 뽐낸다. 마치 푸른 숲속에서 스스로의 힘으로 자라난 것 같은 느낌을 준다. 이곳을 찾은 온천객은 신비로운 노천탕을 경험하며 자기도 모르는 사이 온화하고 고요한 공간으로 빠져든다. 부드럽고 탁하며 연한 푸른빛의 욕탕에는 김이 피어오르는 뜨거운 유황물이 가득 담겨 있다. 나무 오두막과 키 큰 갈대, 툭 튀어나온 바위가 욕탕 주위를 에워싼다. 간단히 말해 다른 곳에서는 볼 수 없는 환상적이고 마법 같은 경험을 선사한다.

이곳에는 4개의 메인 욕탕이 있어 마음대로 선택하면 된다. 각자의 아름다움을 뽐내는데, 물 조합 또한 욕탕마다 다르다. 큰 혼탕과 작은 혼탕도 갖추고 있다. 하지만 가장 눈길을 사로잡는 곳은 별다른 설명이 필요 없을 정도로 멋진 커다란 혼탕 노천탕이다.

남성 손님과 여성 손님이 각자의 출구에서 나와 노천탕으로 들어간다. 여성 온천객은 여름이면 활짝 핀 치자나무로 뒤덮이는 커다란 바위 뒤에 몸을 가린 채 희끄무레한 물속으로 미끄러져 들어갈 수 있다. 남성 온천객은 작고 네모난 수건으로 중요 부위를 가리는 것 외에는 뾰족한 수가 없다. 온천 안에서 수건을 두르고 있어도 되지만, 이왕이면 태생의 상태로 돌아가 부드러운 온천수가 온몸을 어루만지도록 내버려 두는 것이 좋다. 물이 불투명하기 때문에 다른 사람들과 함께 온천을 즐기면서도 물속에서 어느 정도 사생활을 보장받을 수 있다. 어깨와 얼굴로는 신선한 산 공기를 느끼면서 수면 아래에서 올라온 기포가 피부를 간지럽히는 기분이 무척이나 즐거웠다.

츠루노유에서 하룻밤 묵는 것도 정말 좋다. 온천을 진심으로 좋아하는 사람들만 남기 때문에 공간을 넓게 쓸 수 있고 마법 같은 온천의 세계를 더욱 열정적으로 탐험할 수 있다. 온천 주변의 안개 낀 산 너머로 뉘엿뉘엿 해가 지는 모습이나 아침 하늘을 붉게 물들이며 환하게 떠오르는 장면은 투숙객에게만 주어지는 특권이다. 에도 시대 료칸에서 머물거나 투박한 객실과 공용 화장실이 있는 옛날식 시설에서 야영해도 좋다. 어두운 밤 조명이 켜지면 그야말로 환상적이다.

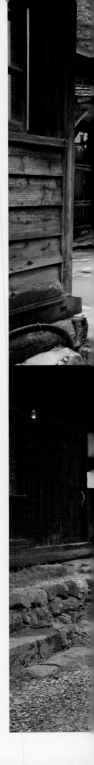

욕탕

- ⊘ 야외
- ⊘ 실내
- ⊗ 독탕
- ⊘ 남탕/여탕
- ⊘ 남녀 혼탕
- ⊘ 다양한 옵션
- ⊘ 전망

목욕물

- ⊘ 온천수
- ⊗ 일반

기본 정보

- ￥ 가격
- ⊗ 셔틀버스

기타 편의시설

- ⊘ 수건 사용료
- ⊘ 사우나
- ⊗ 마사지
- ⊘ 음료
- ⊘ 식사
- ⊘ 숙박

추가 정보

⇨ 〒 014-1204
秋田県仙北市田沢湖田沢字先
達沢国有林50
0187-46-2139
www.tsurunoyu.com
월~일 10:00~15:00(매주 월요일
은 실내탕만 이용 가능)
다자와코역에서 우고고츠 버스 탑
승 후 아르파고마쿠사에서 하차

아오모리

혼슈의 끝자락에 자리한 아오모리는 홋카이도로 넘어갈 수 있는 완벽한 출발지다. 겨울철에 특히 아름다운데, 얼음성과 건물로 이루어진 겨울 왕국이 청회색을 띤 바다와 극명한 대조를 이룬다. 빛은 바랬지만 여전히 알록달록한 모습과는 달리 지난 세기 말부터 상점들은 크게 바뀌지 않았다. 하지만 점차 현대적으로 변모하고 있는데, 모던한 형태와 우뚝 솟은 뾰족한 건물들이 앞으로 아오모리가 일본 북부 지방에서 더욱 주목받는 중요한 지역이 될 것임을 알려준다.

아오모리의 온천은 진한 황금색부터 유황을 함유하고 있어 냄새가 고약한 유백색까지 매우 다양하다. 끝없이 펼쳐진 바다와 깊은 숲, 흐르는 강물, 그리고 어렴풋이 보이는 산이 어우러져 보다 멋진 전망을 완성한다.

아오모리에서는 모든 것이 네부타의 발밑에 있다. 역사와 신화를 통해 전해지는 장군들을 네부타로 만들고 이를 기념하기 위해 아오모리 네부타 마츠리 축제를 여는데, 해마다 여름이면 셀 수 없이 많은 사람이 몰려든다. 볼거리가 가득한 아오모리 현립향토관에서 네부타와 관련된 더 자세한 정보를 얻을 수 있다. 네부타는 지역을 대표하는 상징으로, 투박한 이자카야(술집), 료칸, 그리고 기념품에 어김없이 등장한다. 호시노 리조트에서 머문다면 네부타와 함께 뜨거운 온천 안으로 뛰어들 수도 있다. 물론 진짜가 아니라 바위 위에 색깔 있는 조명을 환하게 비추어 만든 네부타지만 말이다.

고가네자키 후로후시 온천

아오모리, 후카우라

기원전 2세기 때 진나라의 방사 서복은 시황제가 평생 젊음을 유지할 수 있는 묘약을 찾기 위해 후로후시 온천을 찾았다. 후로후시는 '늙지 않고 죽지 않는다'는 뜻이다. 물론 평생 산다는 것은 허망한 꿈이지만, 이곳이 주는 휴식이 우리의 수명을 적어도 몇 년은 늘릴 것이라고 장담한다. 우리가 의사는 아니지만 말이다.

고가네자키 후로후시 온천은 나트륨과 철분이 풍부한 금빛 욕탕에서 목욕할 수 있는 일본에서 몇 안 되는 곳 중 하나다. 그것도 야외에서 끝없이 펼쳐진 동해를 바라보면서 말이다. 금탕을 직접 경험하기 전까지 우리는 온천수가 선사하는 놀라운 즐거움을 상상조차 하지 못했다. 매우 섬세한 진흙탕처럼 흙냄새가 나고 어딘가 원시적인 느낌이 드는 금탕은 진정 효과가 뛰어난 천연 온천이다. 색다른 재미가 오감을 자극한다. 신경통과 요통에 좋고 알려져 있는 사실이 전혀 놀랍지 않으며, 그저 쉬고 싶은 사람에게도 탁월한 효과가 있다고 생각한다.

후로후시에는 노천탕이 2곳 있다. 하나는 혼탕이고, 다른 하나는 여성 전용이다. 둘 다 감탄이 절로 나오는 바다 전망을 자랑한다. 이 멋진 노천탕은 8시부터 주간 온천객을 받는데, 오후 4시까지만 이용할 수 있다는 사실을 잊지 말자. 우리는 4시까지 바다를 보면서 온천을 즐긴 후에 잠시 휴식을 취했다. 그런 다음 맛있는 참치덮밥을 먹고 실내탕에 들렀다가 침대로 직행했다.

하룻밤 머무는 투숙객은 노을을 바라보며 바다 바로 앞에서 금탕을 즐길 수 있다. 상황에 따라 노을 대신 일출을 보는 것도 가능하다. 잠시 상상해보자.

 고가네자키 후로후시 온천은 아오모리역에서 차로 2시간 30분에서 3시간 정도가 소요된다. 신아오모리에서 기차를 타도 비슷하게 걸린다. 웹사이트에 찾아오는 방법이 나와 있으므로 참고하자.

욕탕

- ⊘ 야외
- ⊘ 실내
- ⊗ 독탕
- ⊘ 남탕/여탕
- ⊘ 남녀 혼탕
- ⊘ 다양한 옵션
- ⊘ 전망

목욕물

- ⊘ 온천수
- ⊗ 일반

기본 정보

- ¥ 가격
- 🚌 셔틀버스

기타 편의시설

- ⊘ 수건 사용료
- ⊗ 사우나
- ⊗ 마사지
- ⊘ 음료
- ⊘ 식사
- ⊘ 숙박

추가 정보

⇨ 〒 038-2327
青森県西津軽郡深浦町大字艫
作下清滝15-1
0173-74-3500
www.furofushi.com
월~일 08:00~20:00
웨스파츠바키야마역에서 셔틀
버스 이용

스카유 온천

아오모리, 핫코다

300년이 넘도록 치유 능력이 탁월하고 피부를 부드럽게 만드는 온천수를 찾는 사람들의 발길이 끊이지 않는 곳이다. 우리는 이곳에서 처음으로 혼탕을 경험했는데, 매우 긴장했던 것으로 기억한다. 혼탕에서 지켜야 할 예의는 무엇인지, 과연 우리가 감당할 수 있을지, 모든 것이 의문투성이였다.

스카유에 도착하면 화산 온천에서 뿜어져 나오는 매캐한 유황 냄새가 코끝을 찌른다. 썩은 달걀이 위험한 가스와 뒤섞인 듯한 강력한 향이지만, 시간이 지나면 금방 적응할 것이라고 스스로를 달래보자. 미리 힌트를 주자면, 아무리 오래 있어도 익숙해지지는 않는다.

그런 다음 무수히 많은 구불구불한 복도를 지나 쇼지(나무 골격에 종이를 바른 문)로 둘러싸인 매력적인 방에 다다른다. 쇼지를 열면 비밀스러운 통로가 모습을 드러내는데, 늘어선 창문 너머로 김이 모락모락 피어오르는 물과 겨울에는 반짝거리는 눈이 보인다. 옛날식을 고수하는 곳이다. 화장실과 주방, 심지어 온천도 다른 사람들과 공동으로 사용한다.

센닌부로는 2개의 커다란 너도밤나무 욕탕으로 되어 있다. 우뚝 솟은 너도밤나무 천장과 길쭉한 창문이 잘 어울린다. 솔직히 말해 이 욕탕에 1,000명이 들어간다면 알몸끼리 부딪히는 심각한 상황이 벌어질 것이다. 그렇긴 하지만, 일본에서는 꽤 큰 편에 속하며 가장 아름다운 곳들 중 하나임은 틀림없다.

추운 겨울날에는 허연 수증기가 욕탕 안을 가득 채운다. 냄새가 자극적인 탁한 유백색의 욕탕에 효능이 좋다고 알려진 온천수가 찰랑인다. 온천수는 온천원과 바로 연결해 끌어온다.

여성 온천객은 쇼지 문을 통과해 욕탕 안으로 들어와 따뜻한 물에 살그머니 몸을 담글 수 있다. 이렇게 하면 다리를 활짝 벌린 채 부끄러운 줄도 모르고 욕탕 옆에 앉아 빤히 쳐다보는 남성들의 시선을 피할 수 있다. 겨울이 되면 주변이 꽤 어둡고 수증기로 자욱해지기 때문에 겨우 형태만 보인다. 반면 창문 덮개를 떼는 여름에는 눈부신 햇살이 아름다운 욕탕 안으로 쏟아져 내린다. 하루에 두 번 여성 전용 목욕 시간이 정해져 있으며, 대부분의 여성 손님들은 이때 온천을 이용한다. 이른 아침과 늦은 저녁으로, 가게에서 적당한 여성용 목욕 가운을 구입할 수 있다.

핵심은 이곳이 소란스럽고 활기 넘치는 온천이라는 것이다. 스노보더, 등산객, 온천 마니아, 현지인, 그리고 간만에 회포를 풀기 위해 만난 오래된 친구까지 다양한 사람들과 알몸 상태로 어깨를 부딪치며 시간을 보내게 될 것이다. 이곳을 찾는 모든 이들이 이러한 경험을 받아들일 만반의 준비가 되어 있다.

욕탕

⊗ 야외
✓ 실내
✓ 독탕
✓ 남탕/여탕
✓ 남녀 혼탕
⊗ 다양한 옵션
⊗ 전망

목욕물

✓ 온천수
⊗ 일반

기본 정보

💰 가격
⊗ 셔틀버스

기타 편의시설

✓ 수건 사용료
⊗ 사우나
⊗ 마사지
✓ 음료
✓ 식사
✓ 숙박

추가 정보

⇨ ☎ 030-0197
青森県青森市大字荒川南荒川
山 国有林 小字酸湯沢50
017-738-6400
www.sukayu.jp
월~일 07:00~17:30
아오모리역에서 JR 미즈우미호
버스 탑승 후 스카유 앞에서 하차

하코다테

아, 하코다테! 북쪽으로 가는 관문이자 홋카이도의 입구라고 할 수 있다. 겨울에는 멋진 마법 세상으로, 여름에는 선선한 안식처로 변모한다. 날씨가 따뜻할 때면 마치 반딧불이처럼 보이는 이사리비(가장자리에 조명을 매단 고기잡이배)가 유명한 하코다테 오징어를 잡기 위해 밤바다를 헤집는데, 그 불빛에 온 바다가 반짝인다. 겨울에 이곳을 찾은 관광객은 스키장이나 꽁꽁 언 북쪽 도시 삿포로로 향한다.

하코다테의 온천 마을 유노카와에서는 정말 수준 높은 목욕을 할 수 있다. 온천 애호가라면 뜨거운 물에 몸을 담근 채 눈앞에 펼쳐진 새하얀 초현실적 풍경을 마음껏 즐길 것이다.

1800년대 후반에 발달되기 시작했지만, 사실 유노카와의 역사는 1653년으로 거슬러 올라간다. 당시 마츠마에 영주였던 다카히로는 심각한 병을 앓고 있었는데, 이곳 온천수로 목욕했더니 병이 말끔히 나았다. 마을 마스코트는 다카히로의 어린이 버전인 치카츠마루다.

유노카와 중심지에서 트램을 타면 해안가를 지키고 서 있는 웅장한 호텔까지 갈 수 있다. 주간 목욕을 할 수 있는 시설 또한 충분하다. 유노카와 온천 트램 정류장에 매력이 넘치는 나무 족욕탕이 있는데, 무료로 이용할 수 있다. 하루 종일 걷느라 고생한 발에 진정한 휴식을 선사해보자. 물론 온천을 즐기는 원숭이도 만날 수 있다.

욕탕

⊘ 야외
⊘ 실내
⊗ 독탕
⊘ 남탕/여탕
⊗ 남녀 혼탕
⊘ 다양한 옵션
⊗ 전망

목욕물

⊘ 온천수
⊗ 일반

기본 정보

Ⓦ 가격
⊗ 셔틀버스

기타 편의시설

⊘ 수건 사용료
⊘ 사우나
⊘ 마사지
⊘ 음료
⊘ 식사
⊘ 숙박

추가 정보

⇨ ㊦ 042-0932
　北海道函館市湯川町1-15-3
　0138-57-5061
　www.banso.co.jp
　월~일 12:00~21:00, 매월 셋째 ·
　넷째 주 월·화 15:00~21:00
　유노카와 온천 트램 정류장에서
　하차

호텔 반소

하코다테, 유노카와 온천

유노카와 온천의 호텔 반소는 1956년 문을 연 이래 크게 바뀐 곳이 없었지만 이제는 리모델링을 거쳐 세련미가 넘치는 새로운 공간으로 다시 태어났다. 감사하게도 투숙객에게만 온천의 비밀을 허락하지는 않는다. 주간 온천객도 마음껏 즐길 수 있는 다양한 욕탕과 사우나 시설, 휴게 공간을 갖추고 있다.

온천 시설인 유쿠라에는 옅은 색의 나무로 둘러싸인 멋진 노천탕이 있다. 근처에서 끌어온 염화나트륨 온천수가 피부를 부드럽게 해주고 상처와 화상이 빨리 아물도록 도와준다. 누울 수 있는 욕탕과 1인용 크기의 욕조도 준비되어 있어 속도를 조절하며 온천을 즐길 수 있다. 반짝이는 백색 온천은 대리석을 얇게 잘라놓은 것처럼 보인다. 하지만 물에 들어가는 순간 수면 위로 잔물결이 퍼져나간다.

아로마 한증막과 아로마 미스트 사우나, 건식 사우나도 있다. 널찍한 실내탕 옆에 있는 타일을 붙여 장식한 수욕탕 역시 훌륭하다. 요컨대 반소에서는 수준 높은 온천을 마음껏 즐길 수 있고 휴식도 마음껏 취할 수 있다.

유모토 이사리비칸
———
하코다테, 유노카와 온천

온천을 위해 찾았으나 해산물 때문에 머물게 되는 곳이다. 이사리비칸은 츠루가 해협에서 갓 잡아 올린 신선한 해산물로 명성이 자자하다. 직접 맛보면 고개가 절로 끄덕여진다. 다행히 주간 온천객도 얼마 안 되는 입장료를 내면 훌륭한 온천을 즐길 수 있는데, 여기서 점심까지 더하면 금상첨화다. 갑오징어회에 도전해보는 것은 어떨까?

내부로 들어가면 매력이 넘치는 편백나무 욕탕에 효능이 뛰어난 알록달록한 온천수가 가득 차 있다. 하지만 아마도 바다를 내려다보는 노천탕을 향해 전력 질주할 것이다. 잔잔한 파도 소리에 귀를 기울이며 뜨거운 물속으로 들어가는 것은 단언컨대 인생의 가장 위대한 즐거움 중 하나다. 눈앞에 펼쳐진 광활한 바다와 높디높은 하늘을 하염없이 바라보며 바람결을 타고 공중 비행을 하는 바다 갈매기를 구경하는 재미도 쏠쏠하다. 하코다테의 자연이 손 안에 있는 듯한 기분이 든다.

제1 유노카와 우물에서 직접 끌어온 천연 미네랄 온천은 몸속 독소 제거와 스트레스 완화에 탁월하다. 전망 또한 쉬는 법이 없다. 겨울이 찾아오면 잔뜩 심술이 난 하늘 아래 꽁꽁 언 바다가 들썩인다. 여름에 이곳을 찾는 주간 온천객은 오후 9시까지 온천을 이용할 수 있다. 욕탕에서 고기잡이배의 반짝이는 조명이 보이기도 한다. 후덥지근한 여름밤, 환한 조명으로 일렁이는 바다를 감상하는 것도 멋진 경험이다.

욕탕
⊘ 야외
⊘ 실내
⊗ 독탕
⊘ 남탕/여탕
⊗ 남녀 혼탕
⊘ 다양한 옵션
⊘ 전망

목욕물
⊘ 온천수
⊗ 일반

기본 정보
①가격
⊗ 셔틀버스

기타 편의시설
⊘ 수건 사용료
⊗ 사우나
⊗ 마사지
⊘ 음료
⊘ 식사
⊘ 숙박

추가 정보
⇨ ☏042-0924
　北海道函館市根崎町375-1
　0138-57-1117
　www.isaribikan.net
　월~일 12:00~21:00
　유노카와 온천 트램 정류장에서
　하차

사루야마 온천

하코다테, 유노카와 온천

우리는 겨울에 하코다테 유노카와에 있는 열대식물원을 찾았다. 바닷가 북유럽이 배경인 동화
에나 나올 법한 비현실적인 풍경을 가로지르는 동안 점점 더 기대가 부풀어 올랐다. 바닷가를
따라 늘어선 고독하면서도 유쾌한 느낌의 잡동사니와 텐트, 캐릭터 그림, 그리고 놀이터의 놀
이 기구가 소복하게 쌓인 눈과 대조되어 더욱 삭막하고 외로워 보였다.

이색 식물과 야생 꽃으로 꾸며진 커다란 온실 옆에 있는 울타리 친 온수 욕조가 사람들의 시
선을 사로잡는다. 제멋대로에 거침없고 쉴 새 없이 재잘거리는 마카크원숭이를 위한 공간이다.
원숭이도 사람만큼이나 휴식 시간이 절실하다. 개방 사육되며 호화롭게 생활하는 지고쿠다니
야생원숭이공원의 원숭이들보다 세련됨과 교양이 부족하다. 그러나 소란스럽게 전용 온천에
뛰어드는 모습이 정말 열정적이다.

처음에 원숭이들은 물가에 가만히 서서 별다른 흥미를 보이지 않았다. 하지만 한 마리가 물
속으로 들어가자 좋은 기회를 놓치고 싶지 않았던 다른 원숭이들도 주저 없이 온천으로 몸을 던
졌다. 카메라 셔터를 미친 듯이 누를 준비를 하고 '가와이(귀여워)!'라고 외쳐보자.

Tip 걸어서 15분 거리에 있는 원숭이를 보러 가기 전에 유노카와 온천 트램 정류장에 있는 족욕탕(아침
9시부터 오후 9시까지 영업)에 발을 담가보자. 족욕 후에는 근처에 있는 검은 소나무 숲을 거닐어도 좋다.

하코다테 열대식물원

⇨ ☎042-0932
　 北海道函館市湯川町3-1-15
　 0138-57-7833
　 www.hako-eco.com
　 월~일 09:30~18:00(4~10월),
　 09:30~16:30(11~3월)
　 유노카와 온천 트램 정류장에서
　 하차 후 도보로 10분

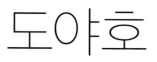

도야호

도야호는 칼데라(붕괴된 화산 분출구)로, 푸른빛을 띠는 물 한가운데 작은 섬이 우뚝 솟아있다. 절대 얼지 않는 최북단의 호수라는 점에서 다른 곳과 차별화된다. 이 아기자기한 물가 마을은 호수가 보이는 온천을 전문으로 운영하는 료칸으로 유명하다. 백조 보트와 연락선이 바닷가 마을의 분위기를 완성한다. 여름에는 휴가객들의 단골 목적지다.

무료로 이용할 수 있고, 호수를 바라보고 있어 경치도 좋은 족욕탕이 여러 곳 있다. 뿐만 아니라 무료 수욕탕도 있는데, 돌우물 안 미네랄이 풍부한 뜨거운 물에 손을 넣으면 류머티즘과 관절염 통증이 가라앉고 피부가 비단결처럼 고와진다. 심지어 달걀을 삶을 수 있는 수욕탕 크기의 스파도 있다.

독탕의 주간 이용료는 꽤 비싼 편이므로 발품을 팔아야 한다. 무성한 숲으로 둘러싸인 노천탕 역시 빼놓을 수 없다. 마을 중심지에 자리 잡은 간코 호텔에서는 놀랍도록 저렴한 가격에 여러 개의 실내탕과 꽤 괜찮은 제트 마사지탕, 매력적인 야외 노천탕까지 즐길 수 있다.

관광안내소에서 주간 목욕 요금을 정리한 목록을 나누어 준다. 미식가라면 잇폰테이를 방문해보자. 미슐랭 스타를 받은 라면 음식점으로 '도야 블랙'이라는 맛있는 흑라면을 선보인다.

욕탕

- ⊘ 야외
- ⊘ 실내
- ⊗ 독탕
- ⊘ 남탕/여탕
- ⊗ 남녀 혼탕
- ⊘ 다양한 옵션
- ⊘ 전망

목욕물

- ⊘ 온천수
- ⊗ 일반

기본 정보

- ⊙ 가격
- ⊗ 셔틀버스

기타 편의시설

- ⊘ 수건 사용료
- ⊘ 사우나
- ⊗ 마사지
- ⊘ 음료
- ⊘ 식사
- ⊘ 숙박

추가 정보

- ⇨ ☏ 049-5721
  北海道虻田郡洞爺湖町洞爺湖
  温泉7-8
  0142-75-2211
  www.toya-kohantei.com
  월~일 13:00~19:00
  도야역에서 버스 이용

도야 고한테이

도야호

웅장하고 위풍당당한 도야 고한테이 료칸에서는 도야호의 멋진 전경과 뛰어난 효능의 온천수를 충분히 즐길 수 있다. 감탄을 자아내는 주변 경치와 호수 중앙에 있는 섬, 그리고 아름다운 산을 감상하기에 완벽한 곳이다.

날씨가 맑으면 노천탕이 있는 고한테이 옥상에 올라 도야호에서 백조 보트를 타는 사람들을 한가롭게 구경해도 좋다. 후지산의 동생인 요테이산을 멀리서 바라보거나 반짝이는 별이 수놓인 밤하늘을 올려다볼 수도 있다.

노천탕과 실내탕 중에서 고를 수 있다. 온천과 스파가 합쳐진 료칸이라고 보면 된다. 9층에 위치한 널찍한 실내탕에는 기다란 직사각형 모양의 창문이 있다. 창문 너머 풍경이 마치 예술가가 그린 작품처럼 보인다.

이곳의 물은 염화 온천수, 유황 온천수, 탄산수소 온천수가 모두 섞여있어 상처나 화상에 효과가 탁월하다. 온천수의 온도는 47도 정도로 매우 뜨겁다. 따라서 서서히 욕탕에 들어가는 것이 바람직하다. 노천탕은 자연과 그 안에 숨어있는 요소들에 둘러싸여 뜨거운 온천을 즐길 수 있다. 따뜻한 날에는 산들바람과 신선한 공기가 몸을 식히는 데 도움이 된다. 우리처럼 추운 겨울날에 이곳을 방문한다면, 상쾌한 공기가 살아있음을 느끼게 해준다.

료칸 정문 옆에는 붉은 화강암으로 만든 수욕탕이 있다. 잠깐 들러 치유 효과가 뛰어난 물을 손가락으로 어루만져 보자.

도야코 만세이카쿠 호텔 레이크사이드 테라스

도야호

바닷가 옆 호텔 리조트로, 주간 목욕을 위한 남탕과 여탕의 위치가 주기적으로 바뀐다. 2개의 다른 욕탕을 경험해볼 수 있으므로, 언제 어디를 방문할지 확인한 후 온천 경험을 극대화해보자.

　1층에는 츠키노유가 있다. 여러 종류의 실내탕이 준비되어 있을 뿐만 아니라 금수가 흘러나오는 야외 암반탕은 문을 활짝 열 수 있어 푸르른 산림의 쾌적한 전망을 감상할 수 있다.

　8층에 있는 호시노유는 여러 개의 실내탕을 한데 묶은 곳으로, 커다란 창문 너머로 보이는 호수가 인상적이다. 가장 인기 있는 욕탕은 도야호가 한눈에 들어오는 노천탕이다. 김이 피어오르는 온천에 누운 채로 끝없이 펼쳐진 호수와 산을 바라보며 이렇게 멋진 곳에 오게 된 이유를 생각해볼 수 있다. 나트륨과 중탄산칼슘, 염화황산을 함유한 온천수가 오십견 같은 부상이나 소화불량, 상처, 화상, 심지어 감기 예방에도 효과가 있다고 한다. 온천수 대신 뜨거운 물로도 대부분의 증상이 완화되지만 말이다.

　이곳에서는 사우나와 마사지가 떠오르고 있다. 벽돌로 지은 사우나와 암반 사우나가 있고 마사지 종류도 매우 다양하다. 하루 종일 느긋하게 쉬면서 자신을 돌보고 싶다면, 꼭 일정에 이곳을 추가하자.

욕탕
- ⊘ 야외
- ⊘ 실내
- ⊗ 독탕
- ⊘ 남탕/여탕
- ⊗ 남녀 혼탕
- ⊘ 다양한 옵션
- ⊘ 전망

목욕물
- ⊘ 온천수
- ⊗ 일반

기본 정보
- ￥ 가격
- ⊘ 셔틀버스

기타 편의시설
- ⊘ 수건 사용료
- ⊘ 사우나
- ⊘ 마사지
- ⊘ 음료
- ⊘ 식사
- ⊘ 숙박

추가 정보
⇨ 〒049-5721
　北海道虻田郡洞爺湖町洞爺湖
　温泉21
　0142-73-3500
　www.toyamanseikaku.jp
　월~일 07:00~21:00(13:30~14:30
　까지 욕탕 출입 금지)
　도야역에서 버스 이용

Tip 하코다테역은 도야역에서 2시간이 걸린다. 도야에서 기차를 차면 40분 만에 노보리베츠역에 다다른다. 도야와 노보리베츠를 하루에 둘러보려면 이렇게 일정을 짜는 것이 좋다. 도야역과 도야호를 오가는 버스의 왕복 승차권을 구입한다. 버스로 20분 정도 걸린다.

노보리베츠

언덕 너머로 연기가 피어오르고 진흙 표면에 기포가 올라오며 유황 냄새가 코를 무자비하게 공격한다. 그런가 하면 도깨비가 구석구석에 숨어서 지나가는 사람을 기다린다. 바로 지옥의 계곡 모습이다. 이런 곳을 지나가는 것이 재미있다고 생각한다면, 노보리베츠에서 즐거운 시간을 보낼 수 있을 것이다.

노보리베츠는 삿포로 남서쪽 깊은 곳에 자리 잡은 시코츠도야국립공원 안에 있다. 홋카이도에서 최고로 손꼽히는 온천지로, 욕탕이 11개 있으며 산책 가능한 자그마한 마을이다. 노보리베츠 곳곳에 있는 도깨비는 사실 행운을 가져다주는 좋은 녀석이다. 운이 좋은 당일 여행객이라면 마을에서 묵지 않지만 주간 목욕을 원하는 손님도 기꺼이 환영하는 목욕탕을 여러 곳 발견하게 될 것이다.

노보리베츠라는 이름은 구름이 많거나 짙은 색의 강을 뜻하는데, 미네랄이 풍부하고 질감이 뻑뻑한 오유누마강의 강물에서 유래되었다. 곰을 좋아하거나 특히 이 지역 야생 동물인 불곰에 관심이 많다면 근처에 곰을 위한 공원이 있다는 소식이 반가울 것이다. 곰이 전용으로 사용하는 작은 온천도 있어 느긋하게 휴식을 취하는 모습을 볼 수 있다.

당일 여행객으로 늘 붐비며 산비탈을 따라 호텔이 가득 들어서 있다. 다시 말해 숨겨진 계곡이라고 보기는 어렵다. 오히려 문을 나서자마자 훌륭한 온천수와 펄펄 끓는 지옥의 계곡을 구경할 수 있는 리조트 지역에 가깝다.

다이치 다키모토칸
노보리베츠

지옥의 계곡에서 잠시 숨을 돌릴 수 있다는 반가운 소식이다. 바로 다이치 다키모토칸이라는 이름의 온천 천국 덕분이다. 역설적이게도 이 천국은 연기가 자욱한 지옥의 계곡을 내려다보는 멋진 전망을 자랑한다.

　다이치는 고요하고 편안하며 전통적인 공간이다. 각기 다른 온천수가 채워진 욕탕들이 '천국'을 이루고 있는데, 되도록이면 모든 욕탕에 도전해보는 것이 좋다. 통증을 완화하는 스파와 피부를 아름답게 가꿔주는 욕탕 2개(특히 두드러기에 좋다), 치유 스파, 모든 병을 고쳐준다는 만병통치 스파, 그리고 심술을 부리고 싶다면 반드시 들어가야 할 악마 스파 등이 있다. 들리는 것보다 덜 무서운 악마 스파는 사실 너무 많이 걸어서 빨리 건강을 회복해야 하는 사람에게 좋다. 5곳의 원천에서 끌어온 온천수가 35개의 욕탕으로 흘러 들어가는데, 이는 홋카이도에서 가장 규모가 크다. 일본 전역을 놓고 보더라도 상위권에 속할 만큼 많은 온천에 물을 공급한다. 도시의 북적거림이 없는 슈퍼 온센이라고 생각하면 된다.

　우뚝 솟은 천장 아래 욕탕이 서로 떨어져 있다. 지역 편백나무부터 인상적인 대리석과 화강암 등 욕탕의 소재가 다양하다. 주간 목욕객도 수영장을 이용할 수 있다. 물론 욕탕의 종류가 워낙 많아서 수영장에 갈 시간이 부족할 테지만 말이다.

　온천지 지고쿠다니는 유명할 만하다. 러일전쟁 때 부상당한 병사를 돌보는 치료 리조트로 지정되기도 했다. 여러 가지 미네랄과 산 성분이 다양한 질병을 치료한다.

노보리베츠 세키스이테이

노보리베츠

세키스이테이를 찾는 주간 온천객은 파릇파릇한 산비탈을 내려다보는 커다란 2개의 욕탕을 이용할 수 있다. 엄청난 크기의 도미노 모양인 호텔의 탑 2곳에 각각 위치한다. 8층과 9층에 있는 욕탕은 빼어난 전망을 자랑한다. 겨울에는 광활한 설원을, 가을에는 황금빛으로 물든 숲을 볼 수 있다. 하늘이 어두워질수록 커다란 노천탕은 천문관으로 변신한다. 별이 반짝이는 밤하늘을 지붕 삼아 뜨거운 물에 몸을 담그고 스트레칭을 해보자.

이곳의 물은 고혈압과 동맥경화, 당뇨, 만성 피부 질환에 좋다고 알려져 있다. '숲속 목욕'을 하다 보면 자연스럽게 나무에서 나온 피톤치드를 들이마시게 되는데, 정신 건강 및 육체 건강을 되찾는 데 효과가 탁월하다고 한다. 황화물이 들어있는 물 또한 욕탕으로 흘러 들어간다. 이른바 악취를 내뿜지만 혈관을 확장시킨다.

그런가 하면 뛰어난 수질의 멋진 독탕도 갖추고 있다. 따라서 별난 신체 부위를 모르는 사람들과 공유하기 꺼려진다면 추가 비용을 내고 2인용 또는 가족탕을 빌리는 것도 좋은 방법이다.

욕탕

⊘ 야외
⊘ 실내
⊘ 독탕
⊘ 남탕/여탕
⊗ 남녀 혼탕
⊘ 다양한 옵션
⊘ 전망

목욕물

⊘ 온천수
⊗ 일반

기본 정보

ⓘ 가격
⊗ 셔틀버스

기타 편의시설

⊘ 수건 사용료
⊘ 사우나
⊘ 마사지
⊘ 음료
⊘ 식사
⊗ 숙박

추가 정보

⇨ ☏ 059-0596
北海道登別市登別温泉町203-1
0143-84-2255
www.sekisuitei.com
월~일 11:00~19:00
노보리베츠역에서 버스 이용

Tip 삿포로에서 머물 계획이라면 조잔케이 또한 당일 여행으로 다녀오기 적당한 온천 마을이다. 삿포로역에서 7번이나 8번 버스를 타고 1시간 15분간 달리면 도착한다. 마을의 료칸 대부분이 주간 손님을 받는다. 관광안내소에서 주간 목욕이 가능한 온천 목록을 살펴보자. 또한 마을에는 무료로 이용할 수 있는 아기자기한 족욕탕도 있는데, 시라이토폭포와 유노타키, 마이즈루의 욕탕, 그리고 니시키바시라는 다리 아래로 흐르는 깊은 물을 끌어다 쓴다.

노보리베츠 그랜드 호텔

노보리베츠

1938년에 지어진 노보리베츠 그랜드는 마을 한가운데 자리 잡은 웅장한 호텔이다. 매우 큰 로마식 욕탕을 갖추고 있다. 우뚝 솟은 돔 사이로 햇빛이 들어온다. 공간을 여유롭게 쓸 수 있는 혼탕을 찾는다면 이곳이 제격이다.

야외에 있는 편백나무 욕탕에서 사랑스러운 폭포가 있는 일본식 정원이 내려다보인다. 편백나무로 만든 지붕 아래에 있는 중앙 욕탕은 소금 온천, 유황 온천, 철분 온천 등 3개의 온천지에서 끌어온 불투명한 온천수를 사용한다. 그렇다면 철분이란 무엇일까? 좋은 질문이다. 바로 철염을 함유한 미네랄 온천을 말한다. 덕분에 이곳 온천수가 유명한 황금빛을 띠고 있다. 사실 붉은빛도 살짝 감돌지만 치유 능력은 비슷하다.

노천탕은 테마별로 조성되어 있다. 노천탕을 둘러싼 정원은 계절을 십분 활용한다. 기후가 바뀔 때마다 매번 새로운 색의 옷으로 갈아입고 새로운 꽃을 피운다. 노천탕에서는 또한 인공 폭포가 있는 매력적인 정원을 감상할 수 있다. 하얀색의 유황 온천은 적갈색의 단풍잎과 특히 잘 어울린다.

사우나와 마사지를 좋아한다면, 다양한 옵션을 갖춘 이곳에서 절대 실망하지 않을 것이다. 또한 숙박을 한다면 독탕과 가족탕을 이용할 수 있으므로 휴식 방법이 부족할지도 모른다는 걱정은 하지 않아도 된다.

욕탕

⊙ 야외
⊙ 실내
⊗ 독탕
⊙ 남탕/여탕
⊗ 남녀 혼탕
⊙ 다양한 옵션
⊙ 전망

목욕물

⊙ 온천수
⊗ 일반

기본 정보

ⓦ 가격
⊗ 셔틀버스

기타 편의시설

⊙ 수건 사용료
⊙ 사우나
⊙ 마사지
⊙ 음료
⊙ 식사
⊙ 숙박

추가 정보

⇨ ☎ 059-0551
北海道登別市登別温泉町154
0143-84-2101
www.nobogura.co.jp
화~수 · 금~일 12:30~20:00,
월 · 목 14:30~20:00
노보리베츠역에서 버스 이용

일본 남서부

근방 온천

마츠야마시에 위치한 도고 온천 마을은 3,000년이 넘는 역사를 가지고 있으며 전설적인 동네 목욕탕을 자랑한다. 마을에서 즐길 수 있는 온천으로는 적당히 크고 찾는 사람도 많은 목욕탕인 도고 온천 츠바키노유가 있다. 현지인들 사이에서 인기가 많다. 보다 고급스럽고 비싼 하나유즈키에는 실내탕과 마츠야마시의 전경을 한눈에 담을 수 있는 옥상 노천탕이 있다. 관광객이 알면 유용한 정보가 있는데, 마츠야마성은 일본에서 가장 상징적인 장소 중 하나로, 잘 알려진 것처럼 멋진 사진을 찍을 수 있다.

도고 온천 본관

마츠야마시, 도고 온천

도고 온천에는 29개의 원천이 있는데, 도고 온천 본관에서는 그중 18곳의 원천에서 끌어온 물을 사용한다. 붉은 창문이 인상적인 망루에는 일본의 소리풍경 100선에 이름을 올린 북이 있다. 울적한 분위기에 심취하고 싶다면 아침 6시(목욕탕 영업이 시작되었음을 알린다), 정오, 저녁 6시에 온 마을로 퍼져나가는 슬픈 북소리에 귀를 기울여보자.

도고 온천 본관은 마을 광장을 돌보는 자애로운 신처럼 시내를 내려다보고 있다. 일본에서 가장 유명하고 사진도 많이 찍힌 온천 중 하나로, 스튜디오 지브리의 애니메이션 〈센과 치히로의 행방불명〉에 영감을 준 것으로 유명하다. 아리마 온천(82쪽) 그리고 《일본서기(일본에서 두 번째로 오래된 역사서로 720년에 쓰였다)》에 등장하는 사키노유(12쪽)와 어깨를 나란히 한다.

1894년 현재 모습으로 재탄생했다. 전통적인 일본의 정수를 찾는다면 바로 이 건물 정면에서 답을 구할 수 있다. 짙은 색의 포근한 나무, 낮게 달린 아름다운 박공지붕과 입구, 그리고 밤하늘 높이 우뚝 솟아있는 뾰족한 지붕 아래로 아치 또는 네모 모양을 한 창문들까지 모든 것이 완벽하다.

내부에는 2개의 욕탕이 마련되어 있다. 신들의 욕탕이라는 뜻을 가진 가미노유는 크기가 좀 더 크다. 상대적으로 아담하지만 더욱 고풍스러운 다마노유는 영혼의 욕탕이라는 뜻이다. 꾸밈없는 바위탕 안에 알칼리가 풍부한 온천수가 찰랑거린다. 특히 류머티즘과 근육통에 효과가 탁월하다.

Tip 도고 온천은 본섬인 혼슈섬에서 다리를 건너야 갈 수 있는 시코쿠섬에 있다. 도쿄, 교토, 히로시마에서는 신칸센을 타고 오카야마에 내린 다음 지역 노선을 타고 도고온센역에 하차한다. 좀 더 모험을 즐기는 편이라면 와카야마나 벳푸, 히로시마에서 연락선을 타고 들어갈 수도 있다.

욕탕
- ⊗ 야외
- ⊗ 실내
- ⊗ 독탕
- ✓ 남탕/여탕
- ⊗ 남녀 혼탕
- ✓ 다양한 옵션
- ⊗ 전망

목욕물
- ✓ 온천수
- ⊗ 일반

기본 정보
- ① 가격
- ⊗ 셔틀버스

기타 편의시설
- ✓ 수건 사용료
- ⊗ 사우나
- ⊗ 마사지
- ⊗ 음료
- ✓ 식사
- ⊗ 숙박

추가 정보
- ⇨ ☎ 790-0842
  愛媛県松山市道後湯之町5-6
  089-921-5141
  www.dogo.jp/onsen/honkan
  월~일 06:00~23:00
  도고온센역

일본 남서부

一

벳푸

자칭 '지옥 낙원'인 벳푸에서는 연기가 피어오르고 물이 펄펄 끓으며 기포가 보글보글 올라온다. 바닷가 화산 지대로 지옥이 오히려 매력 포인트가 된다. 하지만 사실 지옥보다는 천국에 가깝다. 화산 모래사장까지 바닷물이 밀려 들어오고 활기찬 호수 위로 안개가 차오른다. 갈라진 땅 사이로 쉬이 하는 소리와 함께 수증기가 올라온다.

벳푸 온천은 밑으로는 바다가 있고 주변은 웅장한 산으로 둘러싸여 있으며, 총 11종의 온천수 중 10종을 경험할 수 있다. 벳푸 온천수에 함유되지 않은 성분은 라듐밖에 없다.

대중목욕탕과 마을의 료칸에 물을 대는 온천을 '7개의 지옥'이라고 부르며, 대개 주간 온천객을 받는다. 지옥에서 지옥으로 옮겨가며 여러 욕탕에 도전해보자. 주변 환경을 눈에 담고 온천 달걀과 지역의 유명한 특산품인 온천 증기로 익힌 푸딩이나 톡 쏘는 달콤함이 일품인 카보스(유자의 일종-옮긴이)로 배를 채우면 된다.

7개의 지옥 중 5곳이 간나와에 있다. 뿐만 아니라 그림 같은 온천과 료칸을 자랑한다. 말 그대로 '지옥에서 찐 음식'을 뜻하는 '지고쿠 무시 코보'를 놓치지 말자. 맛 좋은 지역 먹거리를 간나와 증기로 쪄서 먹는다. 나머지 2곳의 지옥은 산에서 내려온 물줄기로 채운 욕탕이 유명한 시바세키에 있다.

지고쿠(벳푸 지옥)

벳푸, 간나와 온천

생지옥을 경험해보고 싶다면, 히에로니무스 보스(지옥의 광경을 소름 끼치게 묘사한 것으로 유명한 네덜란드 화가—옮긴이) 스타일의 모험에 나서보자. 푹푹 찌는 계곡과 기포가 올라오는 물, 그리고 펄펄 끓는 진흙을 지나쳐야 한다. 태어나서 처음으로 진짜 지옥의 맛을 보게 될 것이다. 하지만 지옥을 지나면 천국이 기다리고 있다.

뜨거운 온천지를 가리켜 '지옥'이라고 부르는데, 대부분 간나와 지역에 모여 있다. 《신곡》의 단테처럼 지옥의 여러 관문을 통과해야 하는데, 관문마다 새로운 것을 만날 수 있다. 5곳 이상의 지옥을 방문할 예정이라면 2,000엔을 내면 할인된 가격으로 온천에 입장할 수 있는 지고쿠 메구리 패스를 구입하는 편이 낫다.

금방이라도 녹아내릴 듯한 바다지옥은 온천수가 파랗다. 흐릿한 여름 하늘의 색깔과 비슷하다. 황화철이 풍부하며 근처에 있는 붉은색의 도리(신토사원 입구)와 절묘한 대조를 이룬다. 이름만 들어도 무시무시한 피지옥은 철과 마그네슘 함유량이 높은 점토 때문에 검붉은색을 띤다. 새빨간 물 색깔에 금방이라도 악몽을 꿀 것 같다. 하지만 기념품 가게에서 멋진 물건을 많이 판다. 백지옥은 악마의 유황물이 가득한 걸쭉한 연못에서 부드러운 흰색의 수증기를 분출한다. 자그마한 수족관에서는 피라냐를 볼 수 있다. 피라냐의 비늘은 아주 작은 금빛 스팽글과 비슷하다. 그래서 피라냐 떼가 모이면 나이트클럽을 방불케 한다.

용권지옥은 간헐 온천으로, 땅속 깊은 곳에서 고약한 유황 냄새가 올라온다. 30분 간격으로 10분간 뜨거운 물이 뿜어져 나오는 장관을 볼 수 있다. 대머리지옥은 연못 표면에 생기는 뜨거운 진흙 기포 때문에 이름 붙여졌다. 이곳에 발이 빠진 안타까운 스님의 머리처럼 생겼다. 가마도지옥에서는 펄펄 끓는 악마의 부엌 안으로 채소를 던져 직접 점심을 만들 수 있다. 이곳에서는 순수 미네랄 물을 마실 수도 있다. 화산수에 달걀을 삶는 것도 재미있는 볼거리다. 지옥에 있다고 해서 굶을 필요는 없으니까 말이다. 맛있는 식사가 되기를!

괴산지옥은 호그와트행 기차를 운행할 수 있을 정도로 엄청난 양의 증기를 분출한다. 악어지옥으로도 알려져 있어 특별히 조심해야 한다. 선사 시대의 동물인 악어가 뜨거운 온천수 사이로 유유히 지나간다. 악어조차도 전용 온천이 있는 것이다. 무슨 이유에선지 목욕하는 원숭이보다 훨씬 덜 귀여운 장면이다.

벳푸시관광협회
⇨ ☏874-0935
　大分県別府市駅前町12-13
　0977-24-2838
　http://kyokai.beppu-navi.jp

벳푸지옥조합
⇨ ☏874-0045
　大分県別府市鉄輪559-1
　0977-66-1577
　www.beppu-jigoku.com
　벳푸역에서 버스 탑승 후 간나
　와에서 하차(바다지옥), 버스 탑승
　후 시바세키에서 하차(피지옥)

욕탕

- ⊘ 야외
- ⊘ 실내
- ⊘ 독탕
- ⊘ 남탕/여탕
- ⊘ 남녀 혼탕
- ⊘ 다양한 옵션
- ⊘ 전망

목욕물

- ⊘ 온천수
- ⊗ 일반

기본 정보

- Ⓦ 가격
- ⊘ 셔틀버스

기타 편의시설

- ⊗ 수건 사용료
- ⊘ 사우나
- ⊘ 마사지
- ⊘ 음료
- ⊘ 식사
- ⊘ 숙박

추가 정보

⇨ ☏ 874-0822
　大分県別府市観海寺棚湯
　0977-24-1141
　www.suginoi-hotel.com/
　facilities/tanayu.html
　월~일 09:00~23:00
　벳푸역에서 셔틀버스 이용

다나유

벳푸, 간카이지 온천

웅장한 스기노이 호텔에서 가장 훌륭한 시설을 꼽으라면 모두 다나유를 선택할 것이다. 옥상에 여러 층의 인피니티 욕탕이 있는 온천으로, 산으로 둘러싸인 벳푸시 전경을 한눈에 볼 수 있어 절로 감탄이 나온다. 600여 명을 수용할 수 있으며, 네모 모양의 온탕이 크기가 넉넉해 다른 사람의 방해를 받지 않고 경치를 구경할 수 있다. 물 위로 피어오르는 수증기가 건물 가장자리를 넘어 언덕 위로 사라진다. 인기가 많다는 말만으로는 이 욕탕을 제대로 설명할 수 없다.

우리는 널찍한 편백나무 욕조가 특히 마음에 들었다. 온천수에 몸을 담그고 미네랄과 전경을 받아들이기에 더할 나위 없이 좋았다.

사우나와 증기탕, 미네랄탕 등이 더욱 즐겁고 특별한 온천 경험을 선사한다. 싸늘한 겨울 공기를 싫어하는 손님을 위해 유리벽을 세운 실내탕도 있다.

이 외에도 운동 공간, 게임실, 그리고 비싸지만 가족 단위 여행객에게 안성맞춤인 혼탕 '아쿠아 가든' 등이 있다. 옷을 다 벗지 않은 채로 물에 들어가는 것을 선호한다면 주간 온천객에게도 문이 열려있다. 하지만 장담하건대 물속에 앉아있는 동안 수영복을 벗고 싶다는 생각을 하게 될 것이다. 건물 내에 심지어 볼링장도 있다.

뿐만 아니라 4층에는 독탕이 준비되어 있다. 판고 테라피 진흙탕도 추천한다. 온몸에 진흙을 바른 다음에는 사우나에 들어가서 땀을 흘린다. 또는 몸을 뜨게 만드는 소금물 탱크인 플로트 치유탕도 시도해볼 만하다. 음악과 조명 기능도 갖추고 있다.

시원한 맥주와 간식거리도 잊지 말자. 배를 채운 후에는 호텔 내 노래방으로 향해 벳푸의 지옥을 마음껏 즐기는 것도 색다른 재미가 될 것이다.

Tip 문신이 있는 사람은 다나유에 들어갈 수 없다. 수영복을 미처 준비하지 못했다면, 다나유에서 대여할 수 있다. 주말에는 주중보다 입장료가 30퍼센트 비싸다. 주중에 방문하면 인파도 피하고 절약한 돈으로 점심을 사 먹거나 노래방에 갈 수 있다.

다케가와라 온천

벳푸, 벳푸 온천

벳푸에는 현대적인 목욕 경험을 제공하는 료칸과 호텔이 차고 넘치지만, 좀 더 전통적인 대중목욕탕을 시도해보고 싶다면 다케가와라 온천을 추천한다. 이곳은 독특한 건물 정면이 가장 먼저 눈길을 사로잡는다. 박공지붕과 줄지어 매달린 작은 노렌, 정교하게 조각한 장식이 한 폭의 그림 같은 입구를 완성한다.

내부 역시 비슷한 분위기를 풍긴다. 편안한 느낌을 주는 로비는 아름다운 짙은 색의 나무로 기본 골격이 잡혀 있다. 여기에 낮게 달린 노란 조명과 향수를 불러일으키는 격자무늬 지붕 그리고 창문이 다이쇼 시대를 연상시킨다. 욕탕은 작고 단순하다. 얼룩지고 금이 간 타일에서 허름한 멋이 느껴진다. 타일 위로 켜켜이 쌓인 미네랄 소금 층을 보면 이 목욕탕이 얼마나 오래되었는지 가늠할 수 있다. 바가지에 물을 담아 몸에 끼얹는 동안 뜨거운 물에서 수증기가 올라와 주변으로 퍼져나간다. 친밀하고 소박한 진짜 현지인들의 목욕 문화를 경험할 수 있다. 운이 좋다면 자칭 목욕탕 전문가를 만날 수도 있다. 물어보지 않아도 어떤 실수를 하고 있는지 가르쳐 줄 것이다. 덕분에 목욕 실력이 한층 더 향상될 수 있다.

위층에는 뜨거운 모래탕이 준비되어 있다. 옷을 벗을 필요가 없는 곳으로, 대신 가운을 걸쳐야 한다. 직원이 파 준 모래 구멍 안에 수직으로 서서 목만 남기고 온몸을 파묻는다. 온천수로 채운 배관으로 모래를 따뜻하게 데운다. 등을 기대고 편안하게 서서 온기를 느끼는 동안 몸속에 쌓인 독소가 빠져나간다. 산 채로 묻힌다는 것이 부담스럽더라도 심호흡을 하고 모래 구덩이 안에 풍덩 빠져보자. 이곳에서만 할 수 있는 독특한 경험을 포기한다면 나중에 후회할지도 모른다.

Tip 벳푸에서 가볼 만한 온천과 모래탕으로는 온천 호요랜드, 에비수야 온천, 벳푸 해변 모래사장 등이 있다.

욕탕
⊗ 야외
⊘ 실내
⊘ 독탕
⊘ 남탕/여탕
⊗ 남녀 혼탕
⊘ 다양한 옵션
⊗ 전망

목욕물
⊘ 온천수
⊗ 일반

기본 정보
ⓦ 가격
⊗ 셔틀버스

기타 편의시설
⊘ 수건 사용료
⊗ 사우나
⊗ 마사지
⊘ 음료
⊘ 식사
⊗ 숙박

추가 정보
⇨ ☎ 874-0000
大分県別府市元町16-23
0977-23-1585
www.city.beppu.oita.jp/sisetu/
shieionsen/detail4.html
월~일 06:30~22:30, 매달 셋째
주 수 휴무

효탄 온천

벳푸, 간나와 온천

효탄은 그야말로 온천 낙원이다. 우리가 아는 바로는 미슐랭 스타를 받은 유일한 온천이기도 하다. 하루 만에 모든 것을 경험하지 못할 수도 있다. 그래서 최대한 일찍 도착하는 것을 추천한다. 눈 깜짝할 사이에 시간이 금방 지나가버리는 곳이다.

남성과 여성 모두 8개의 실내탕과 노천탕 중에서 원하는 곳을 고를 수 있다. 함께 목욕하고 싶어 하는 가족이나 친구 단위의 손님들이 예약할 수 있는 14개의 전용탕도 있다. 물론 추가 비용을 내야 하지만 말이다. 온천 말고도 두부 직접 찌기, 온천수 마시기, 수증기 배관 깊게 들이마시기(목을 진정하는 효과가 있다), 족욕탕에 발 담그기 등을 할 수 있다.

이곳의 매력 중 하나는 바로 폭포탕이다. 주둥이에서 흘러나온 온천수가 떨어지며 온몸을 부드럽게 마사지한다. 노천탕보다 실내탕이 더 멋진 몇 안 되는 온천이다. 다른 곳에서는 찾아볼 수 없는 독특한 폭포탕 덕분이다. 이 외에도 나무, 바위, 돌로 만든 다양한 모양의 욕탕이 곳곳에 있는데, 하나같이 투박한 멋스러움을 뽐낸다.

효탄 역시 모래탕을 갖추고 있다. 다케가와라(179쪽)에 있는 뻑뻑하고 짙은 화산 모래탕을 시도한 적이 있다면, 효탄의 진한 황금빛 모래에 온몸을 맡겨보자.

정원이 120명인 식당 유라리에서 다양한 음식을 맛볼 수 있다. 벳푸라는 도시처럼 찜 요리 전문이다. 사케 한두 잔을 마시며 긴장을 풀고 벽에 걸려있는 '벳푸 8탕 온천도(벳푸에 있는 88개의 온천을 모두 다녀간 사람들)'를 구경하는 것도 즐겁다. 구사츠에 있는 3개의 온천을 방문하는 것보다 살짝 더 어려운 과제로, 언젠가는 우리의 사진도 함께 걸리기를 바란다.

Tip 5개의 지옥을 먼저 구경한 후 버스를 타고 지노이케지고쿠로 향하면 된다.

욕탕
- ⊘ 야외
- ⊘ 실내
- ⊘ 독탕
- ⊘ 남탕/여탕
- ⊗ 남녀 혼탕
- ⊘ 다양한 옵션
- ⊘ 전망

목욕물
- ⊘ 온천수
- ⊗ 일반

기본 정보
- ⓦ 가격
- ⊗ 셔틀버스

기타 편의시설
- ⊘ 수건 사용료
- ⊗ 사우나
- ⊗ 마사지
- ⊘ 음료
- ⊘ 식사
- ⊗ 숙박

추가 정보
⇨ ☏ 874-0042
大分県別府市大字鉄輪159-2
0977-66-0527
www.hyotan-onsen.com
월~일 09:00~익일 01:00(4월, 7
월, 12월 중 특정 일자에 휴무)
벳푸다이가쿠역

181

유후인

어여쁜 유후산 기슭 작은 계곡 사이에 유후인이 살포시 자리 잡고 있다. 끝이 뾰족한 원뿔 모양의 유후산은 '규슈 북동쪽 지역의 후지산'이라고도 불린다. 문화유산 보호 차원에서 유후인 지역의 개발이 상당 부분 제한되고 있다. 그 결과 벳푸처럼 발달하지 못했고 아직도 전통 온천 마을의 매력을 고스란히 간직하고 있다. 한때는 '벳푸의 뒤'라는 뜻으로 유후인을 오쿠 벳푸라고 부르기도 했다. 하지만 오늘날 유후인은 벳푸의 양을 보완하는 완벽한 음으로써 제 역할을 다하고 있다.

이곳에서는 수공예품과 예술 작품들을 높이 평가한다. 그래서인지 지역 예술가의 실력을 보여주려는 갤러리와 박물관이 많은데, 이 지역의 또 다른 볼거리다. 지역 농민들은 사람들이 기억할 만큼 좋은 품질의 농작물, 특히 채소를 재배하기 위해 노력한다.

온천 마니아들에게 가장 어필하는 부분은 황홀한 경치가 덤으로 주어지는 노천탕이다. 아름다운 자연을 대들보 삼아 유후산의 인자한 눈길을 받는 노천탕은 꼭 방문해야 할 온천 마을로 거듭나는 데 큰 기여를 한다. 동네를 산책하며 여기저기에 있는 목욕탕에 들러보자. 또는 족욕탕에 발을 담그고 선로를 지나가는 기차를 구경하는 것도 재미있다. 오랜 세월 동안 온천 수증기에 둘러싸인 조용하고 사색적인 유후인은 규슈에서 만나볼 수 있는 최고의 온천 여행지다.

츠카노마 온천
유후인

츠카노마는 눈에 잘 띄는 료칸 그 이상이다. 주간 온천객에게 잊지 못할 경험을 선사하기도 한다. 널찍한 노천탕의 푸르른 색감, 물에서 피어오르는 수증기, 보글보글 기포가 올라오는 소리만으로도 온천 애호가의 마음을 사로잡기에 충분하다. 여기에 강력한 치유 효능과 유후인 마을의 아름다운 전경까지 더해지면 행복으로 향하는 편도 티켓을 손에 쥔 것이나 마찬가지다. 삼나무로 만든 상자 모양의 매력적인 입구 역시 전체적으로 마법 같은 분위기를 한 단계 더 끌어올린다. 나무와 소쿠리가 있는 탈의실, 대나무 바닥 깔개도 모두 같은 역할을 한다.

지하 500미터에서 샘솟는 온천지는 온도가 무려 96도에 달한다. 하지만 욕탕으로 흘러오기 전에 온도가 낮아지니 걱정할 필요는 없다. 뜨거운 온도 덕분에 온천수에 몸을 담그면 뱃속부터 금세 따뜻해진다. 물을 충분히 마신 다음 욕탕에 들어가자. 이곳의 물은 메타규산 함유량이 높아 피부 미용에 탁월하다. 그래서인지 부드러운 살결을 원하는 손님들의 사랑을 듬뿍 받는다.

운이 좋아 이 멋진 료칸에서 하룻밤을 보낸다면, 삼각형 모양의 초가지붕이 어서 안으로 들어오라고 손짓한다. 겨울에는 생강 쿠키 향으로 가득한 겨울 왕국으로 변하고, 가을에는 단풍잎의 짙은 붉은색이 주변 산을 한 폭의 그림으로 탈바꿈시킨다.

야마노 호텔 무소엔

유후인

무소엔은 커다란 노천탕으로 유명한데, 자그마한 섬처럼 바위가 수면 위로 우뚝 솟아있다. 그 규모가 말문이 막힐 정도로 대단하다. 산이 보이는 위대한 자연 속에서 목욕하는 것이 취미라면, 바로 이곳이 온천 여행의 하이라이트가 될 것이다. 온천수에 둥둥 뜬 채로 장관을 이루는 유후산을 바라보며 그 어느 때보다 긴장을 풀고 쉴 수 있다. 이곳의 매력 넘치는 료칸 역시 둘러볼 만하다. 오래된 나무 등과 낮게 매달린 조명, 그리고 막대기처럼 얇은 나무가 인상적이다.

유후인에 있는 대부분의 온천과 마찬가지로 이곳의 탈의실은 소쿠리와 나무 선반 등 복고풍으로 꾸며져 있다. 하지만 고급스러운 스파를 받기 위해 이곳을 찾은 것은 아니다. 시간이 지나도 변치 않는 온천 경험과 환상적인 경치, 그리고 화산의 균열된 틈 사이로 상당한 폭발이 발생해야만 얻을 수 있는 뛰어난 수질의 온천수를 즐기러 이곳을 방문했다는 사실을 기억하자.

일본식 푸딩도 놓쳐서는 안 될 간식이다. 달콤쌉쌀한 맛이 나는 물컹거리는 디저트로, 쇼와시대 카페인 반반에서 커피와 함께 먹으면 좋다. 굉장히 인기가 많아 일찍 품절되므로 아침 일찍 주문해 차와 함께 먹는 것도 방법이다. 나가는 길에는 기념품 가게에 들러 지역 특산품이나 수공예품을 구경해보자. 더 달콤한 음식을 먹고 싶거나 푸딩을 미처 맛보지 못했다면, 이곳의 또 다른 유명 디저트인 소프트 아이스크림도 맛있다.

욕탕

- ⊘ 야외
- ⊘ 실내
- ⊘ 독탕
- ⊘ 남탕/여탕
- ⊗ 남녀 혼탕
- ⊘ 다양한 옵션
- ⊘ 전망

목욕물

- ⊘ 온천수
- ⊗ 일반

기본 정보

- ⓟ 가격
- ⊗ 셔틀버스

기타 편의시설

- ⊘ 수건 사용료
- ⊗ 사우나
- ⊗ 마사지
- ⊘ 음료
- ⊘ 식사
- ⊗ 숙박

추가 정보

- ⇨ ☏ 879-5103
  大分県由布市湯布院町川南1243
  0977-84-2171
  www.musouen.co.jp
  월~일 10:00~15:30(여탕은 수요일 휴무, 남탕은 금요일 휴무)
  유후인역

Tip 산코 버스는 벳푸와 유후인, 구로카와를 오간다. 하지만 JR 패스로는 탈 수 없다. 벳푸에서 유후인을 방문할 계획이라면, JR 유후인노모리 기차를 추천한다. 멋진 디자인의 기차 안에서 창밖으로 지나가는 아름다운 경치를 만끽할 수 있다.

구로카와 온천

구로카와 온천은 규슈 지방의 심장이라고 할 수 있다. 300년의 역사를 자랑하는 오래된 온천 마을로, 깊은 산속에 파묻혀 있다. 근대 세상의 손길이 거의 닿지 않았으며 아직도 에도 시대의 정신을 그대로 이어오고 있다.

자그마한 다리와 좁은 골목, 이끼가 낀 돌과 한가롭게 돌아가는 물레방아가 있는 구불구불한 길 위에 지쿠고강을 따라 24곳의 료칸이 줄지어 서 있다. 대부분의 료칸에서 주간 온천객을 받으므로 료칸에 마련된 온천에서 목욕을 즐기면 된다. 많은 료칸에 추가 비용을 내면 이용할 수 있는 독탕이 있는데, 대개 료칸 투숙객에게만 주어지는 혜택이지만 이곳은 예외다.

구로카와는 폭포와 강, 푸른 녹음을 내려다보는 노천탕이 굉장히 특별하다. 이야시노사토는 그때그때 빼어난 자연 경관을 여과 없이 보여주는 야외 욕탕이다. 료칸 이코이의 욕탕 역시 매력이 넘친다. 물이 떨어지는 배수관이 있는 멋진 노천탕과 안락한 동굴 욕탕, 여탕(비진유)이 손님들을 맞이한다.

대중목욕탕은 2곳이 있는데, 마을 중심지에 위치한 지조유는 남탕과 여탕이 나누어져 있다. 반면 아나유는 현지인과 관광객이 한데 뒤섞여 온천을 즐길 수 있다.

욕탕

⊘ 야외
⊘ 실내
⊘ 독탕
⊘ 남탕/여탕
⊘ 남녀 혼탕
⊘ 다양한 옵션
⊗ 전망

목욕물

⊘ 온천수
⊗ 일반

기본 정보

ⓣ 가격
⊘ 셔틀버스

기타 편의시설

⊘ 수건 사용료
⊗ 사우나
⊗ 마사지
⊘ 음료
⊘ 식사
⊘ 숙박

추가 정보

⇨ ☎ 869-2402
熊本県阿蘇郡南小国町大字満
願寺6961-1
0967-44-0906
www.sanga-ryokan.com
월~일 08:30~21:00
구로카와 정류장에서 도보로 이
동(투숙객은 셔틀버스 이용)

료칸 산가

구로카와 온천

료칸 산가는 정말이지 마법 같은 공간이다. 작은 온천 마을처럼 구석구석에 온천이 숨어있다. 동화책에 나올 법한 오두막과 잉어가 유유히 지나가면서 잔물결이 이는 연못을 볼 수 있다. 자그마한 집 안으로 들어가면 나무로 불을 땐 부엌에서 연기가 피어오르고 활활 타오르는 삼나무 위로 주철 냄비가 낮게 걸려있다. 밤이 되면 등불이 길거리를 환하게 비춘다. 겨울에는 골목을 따라 작은 집들을 지나며 보드라운 눈송이를 만끽할 수 있다. 시원한 공기가 몸을 감싸는 여름 밤에는 조용히 주변을 날아다니는 벌레 소리에 귀 기울인다.

산가의 메인 건물은 구불구불한 복도와 20세기 매력으로 가득하다. 도서관뿐만 아니라 벽난로와 커피바가 준비된 휴게실도 있다. 메인 욕탕인 모야이노유는 남녀 혼탕이지만 주로 남성 손님들이 사용한다. 여성 손님의 수가 많지 않다는 점을 미리 알고 있으면 좋다. 욕탕은 자그마한 동굴 안에 숨어있는데, 배수로에서 물이 떨어진다. 수면 위로 고개를 내민 바위와 투박한 목욕 바가지도 보인다. 온천수는 최상의 수질을 자랑한다. 원기 회복에 특히 탁월한 것으로 유명하다. 여성 손님을 위한 안락한 야외 공간인 시키노유가 따로 마련되어 있다.

남탕과 여탕으로 나누어진 2곳의 실내탕과 로쿠샤쿠오케, 기리시, 히노키 등 3개의 독탕이 있다. 모두 유황물을 사용한다. 이곳에서 하룻밤 묵는다면, 결코 쉽게 잊지 못할 기억으로 남을 것이다.

Tip *1,300엔을 내고 온천 마패(동그란 나무판으로 목욕탕, 관광안내소, 료칸에서 구할 수 있다)를 구입하면 3개의 욕탕을 선택해 입장할 수 있다.*

사토노유 와라쿠

구로카와 온천

구로카와 온천 마을 끝자락에 작은 돌길이 있다. 이 길을 따라가면 초가지붕이 얹어진 입구가 매혹적인 사토노유 와라쿠에 다다른다.

가을이 되면 새빨간 단풍잎이 입구를 지키고 여름에는 풍성한 녹음이 둘러싼다. 어두컴컴한 밤이 되면 등불이 켜지는데, 아름답기 그지없다. 환한 불빛이 지친 여행객을 안내한다. 주간 온천객에게 더욱 중요한 사실은 이곳이 주간 요금이 따로 책정되어 있는 프리미엄 온천이라는 것이다. 게다가 훌륭한 노천탕이 2개나 있다.

온천 마패를 쓸 수 있으므로 미리 준비하자. 어차피 목에 걸고 있을 텐데, 마치 전통 의상의 일부처럼 보인다. 남탕과 여탕이 나누어진 노천탕은 주기적으로 위치가 바뀐다. 따라서 일정을 잘 조절하면 둘 다 경험할 수 있다. 욕탕에는 몸을 숨길 수 있는 동굴이 있는데, 바위와 작은 돌로 만들어져 있다. 연한 푸른빛을 띠며 보글거리는 물 위로 동굴이 있어 궂은 날씨를 피할 수 있고 조용히 사색을 즐기며 목욕할 수 있다. 또한 초가지붕이 있는 오두막과 굵은 죽마가 기다란 나무 지붕을 지탱하고 있는 나무 오두막도 구경할 수 있다. 실내 공간과 야외가 아름다운 경치, 뛰어난 수질의 온천수, 그리고 작은 숨을 곳이 한데 어우러져 비교 불가한 온천 경험을 선사한다.

Tip 이곳에는 ATM 기기가 없고 신용카드도 받지 않기 때문에 엔화를 충분히 준비해야 한다. 시간이 남거나 차가 있다면 아소 지역의 멋진 전경을 볼 수 있는 다이칸보전망대에 다녀오는 것도 좋다. 근처 온천을 오가는 무료 셔틀버스를 적극 활용하자.

욕탕

- ⊘ 야외
- ⊗ 실내
- ⊗ 독탕
- ⊘ 남탕/여탕
- ⊗ 남녀 혼탕
- ⊗ 다양한 옵션
- ⊘ 전망

목욕물

- ⊘ 온천수
- ⊗ 일반

기본 정보

- ⓨ 가격
- ⊗ 셔틀버스

기타 편의시설

- ⊘ 수건 사용료
- ⊗ 사우나
- ⊗ 마사지
- ⊘ 음료
- ⊘ 식사
- ⊘ 숙박

추가 정보

- ⇨ ☎ 869-2402
  熊本県阿蘇郡南小国町大字満
  願寺6351-1
  0967-44-0690
  www.satonoyu-waraku.jp
  월~일 08:00~21:00
  구로카와 온천 버스 정류장

다케후에
구로카와 온천

흠잡을 데 없이 완벽한 점심 세트 메뉴가 포함된 세련된 온천 경험을 하고 싶다면, 다케후에로 향하면 된다. 독탕과 방, 호화로운 점심, 13만 제곱미터에 달하는 멋진 대지가 손님을 기다린다. 몸과 마음, 정신, 그리고 미각까지 모든 감각을 자극할 수 있는 당일 여행으로 제격이다.

　미리 인터넷에서 예약하고, 14개의 점심 메뉴 중 원하는 음식을 골라야 한다. 그런 다음 여행 날까지 카운트다운을 해보자. 인터넷으로 욕탕과 방도 고를 수 있다. 여행이 주는 즐거움의 절반은 계획 단계 때 시작된다.

　예약한 점심을 방이나 대나무 정원, 다케조노 정원에서 먹을 수 있다. 손으로 만든 초밥 런치 세트는 우리가 본 음식 중 가장 정교했다. 게다가 눈으로 보는 것보다 입으로 먹는 것이 훨씬 더 맛있었다. 오전 11시 30분까지 도착하는 것이 좋은데, 먼저 온천을 즐기다가 중간에 점심을 먹고 다시 온천으로 돌아가면 주간 온천이 마감되는 2시 이전에 마무리할 수 있다.

　이곳에는 우리가 소개한 온천 중 유일하게 대나무 숲이 있다. 가기 전에 만반의 준비가 필요하다. 푸르른 녹음이 황홀하게 펼쳐지는 장관을 보게 될 것이다. 두꺼운 대나무와 풍성한 잎이 주요 볼거리인데, 가히 일본에서 가장 소중하게 여겨지는 경관이다. 겨울 역시 잊지 못할 장관을 허락한다. 눈으로 뒤덮인 구불구불한 길이 우뚝 솟은 대나무 숲까지 이어진다. 나무 욕탕 주변을 대나무 숲이 에워싼다. 대나무 줄기 위에 눈이 소복하게 쌓이고 팔랑거리며 내리던 눈송이가 뜨거운 온천 수증기에 흔적 없이 사라진다.

　다케후에는 또한 여름에도 축복받은 지역이다. 해발 300미터에 자리 잡고 있어 여름 내내 선선하다. 따뜻할 때는 근처 야생 동물들을 달래기 위해 음악을 틀어준다. 다양한 새떼가 날아와 음악과 경쟁을 펼치는데, 때문에 다케후에는 조류 관찰자들에게는 낙원이나 다름없다.

야마미즈키

구로카와 온천

아름다운 숲속을 관통하는 돌계단과 구불구불한 길을 따라 걷다가 감탄을 자아내는 구시대 건축물까지 지나치면 드디어 야마미즈키 온천이 모습을 드러낸다. 자연의 품에 안겨 있는 외딴 료칸으로 흐르는 강과 폭포가 보인다. 그런데도 부족하다면 대지 안에 논도 있다.

남성과 여성 온천객 모두 아름다운 노천탕 중 마음에 드는 곳을 고를 수 있다. 유코쿠노유는 남탕을 말하고, 모리노유는 여탕을 뜻한다. 수면 위로 올라온 바위 주변으로 풍성한 나뭇잎이 인상적인 노천탕은 자연 속에서 온천을 즐기며 시간을 보낼 수 있는 훌륭한 방법이다. 우리가 방문한 겨울에는 새하얀 눈으로 뒤덮인 노천탕이 마치 크리스마스 푸딩 같았다.

실내탕이 있는 나무로 만든 방은 우리가 본 것 중에 가장 아름다운 공간 중 하나였다. 여성 손님을 위한 후진노유와 남성 손님을 위한 마스라오는 둘 다 높은 천장과 화려한 창문을 뽐낸다. 사오토메는 예약이 가능한 독탕으로, 추가 비용을 내면 오후 2시와 10시 사이에 쓸 수 있다. 부끄러움이 많거나 사랑하는 이와 오붓하게 온천을 경험하고 싶다면 주저 없이 사오토메를 선택해보자. 온천 근처에 카페 이노야가 있다. 음료나 맛있는 음식, 또는 달달한 디저트를 먹으며 잠시 쉬어가기에 딱 좋다.

포근한 여름철 녹음 혹은 새하얀 겨울 눈을 배경으로 서 있는 어두운 색의 나무 외관이 일본 여행에서 경험하는 모든 것들을 함축적으로 보여준다. 구로카와에서 하룻밤 보내는 것을 적극 추천한다. 따뜻한 욕탕에 몸을 담그고 안개 긴 산 너머로 일출이나 일몰을 볼 수 있다. 놓치기에는 너무 아름다운 광경이다. 야마미즈키의 가이세키(전통식 코스 요리) 저녁과 맛있는 아침이 마치 천국 같은 시골의 온천 체험을 완성한다.

욕탕

⊘ 야외
⊘ 실내
⊘ 독탕
⊘ 남탕/여탕
⊗ 남녀 혼탕
⊘ 다양한 옵션
⊘ 전망

목욕물

⊘ 온천수
⊗ 일반

기본 정보

ⓨ 가격
⊘ 셔틀버스

기타 편의시설

⊘ 수건 사용료
⊘ 사우나
⊘ 마사지
⊘ 음료
⊘ 식사
⊘ 숙박

추가 정보

⇨ ☎ 869-2402
熊本県阿蘇郡南小国町大字満
願寺6392-2
0967-44-0336
www.yamamizuki.com
월~일 08:30~21:00
구로카와 온천 버스 정류장

그 방 온천

일본의 최남단에 가까운 가고시마에서 매우 특별한 온천을 경험할 수 있다. 유네스코 세계문화유산으로 지정된 야쿠섬은 규슈 해안 지역에 있다.

동중국해를 내려다보고 있는 이부스키에서 가이몬다케산도 볼 수 있다. 이곳에서는 화산의 지열을 이용한 모래찜질을 경험해보자.

온천 마을로 유명한 기리시마는 기리시마 온천 마을, 기리시마진구 온천 마을, 묘켄안라쿠 온천 마을, 히나타야마 온천 마을 등 4곳으로 나누어져 있다.

일본
남서부

야쿠섬

가고시마

야쿠섬 관광센터

⇨ ☎892-4205
鹿児島県熊毛郡屋久島町宮之
浦799
0997-42-0091
www.yksm.com

등산로가 엄청 많고 빽빽한 숲도 있는 야쿠섬은 전 세계에서 가장 비밀스러운 장소 중 하나다. 통과하는 것이 거의 불가능해 보이는 깊은 숲속에 어떤 생명체가 사는지 알 길이 없다. 스튜디오 지브리에서 제작한 애니메이션 〈모노노케 히메〉의 배경이 된 곳이기도 하다.

시라타니운스이쿄는 푸른 나뭇잎과 이끼, 돌이 무성한 산골짜기로 무장한 원시 산림이다. 두꺼운 나무뿌리와 오래된 돌계단 위로 이끼가 빠르게 번진다. 옛 시절의 마법이 아직도 살아 숨 쉬는 환상적인 도피처다.

열대어가 따스한 물속을 유유히 헤엄치고 바다거북이 모래 둥지를 트는 이 섬은 미네랄이 풍부한 뜨거운 온천수에 몸을 담그고 저 멀리 출렁이는 파도를 바라보고 싶은 사람에게는 그야말로 천국이다. 해변의 작은 물웅덩이와 오랜 시간에 걸쳐 바위가 깎이며 생겨난 온천을 볼 수 있다. 사전 조사를 철저히 해 마음에 드는 곳을 찾아보자. 수영복을 입고 들어갈 수 있는 곳도 있지만 신 앞에 경건하게 맹세하는 마음으로 입고 있던 옷을 몽땅 벗어야 하는 곳도 있다.

남쪽으로 더 내려가 '숨겨진' 온천 중 하나인 히라우치 온천에 다녀오는 것도 좋다. 히라우치라는 이름은 '바닷속'이라는 뜻을 가지고 있다. 바닷물이 바위에 부딪히면서 온천이 만들어진 지 400년이 넘었다는 이야기도 있다. 야외에 있는 혼탕이 만족스럽지 않은 경우가 많은데, 투박함이 살아있는 이곳은 진짜다. 간조에만 들어갈 수 있어 하루에 주어지는 기회는 단 두 번뿐이다.

유도마리 온천도 가볼 만하다. 남탕과 여탕을 나누는 유일한 벽은 대나무 칸막이가 전부다. 돌멩이로 가득한 작은 해안이 탁 트인 광활한 바다로 이어지는 절경이 눈앞에 펼쳐진다. 전용 족욕탕도 있다. 말로 설명할 수 없을 만큼 놀라운 곳이다.

Tip
가고시마의 고속선 터미널에서 수중익선을 타고 야쿠섬(미야노우라 또는 안보 항구)까지 달려보자. 총 2시간 30분이 걸린다. 섬에서는 ATM 기기나 신용카드를 사용하기 힘들므로 엔화를 두둑이 챙겨 가는 것이 좋다. 또 섬에서는 유일한 교통수단인 버스를 타고 움직여야 한다.

헬시랜드(사유리와 다마테바코 온천)

⇨ ☎891-0511
  鹿児島県指宿市山川福元3292
  0993-35-3577
  ppp.seika-spc.co.jp/healthy
  사유리는 월~일 09:00~17:30
  다마테바코 온천은 금~수
  09:30~19:30, 매주 목 휴무
  JR 이부스키역 또는 JR 야마카
  와역에서 가고시마 코츠 버스 탑
  승 후 헬시랜드에서 하차

스나무시카이칸 사라쿠

⇨ ☎891-0406
  鹿児島県指宿市湯の浜5-25-18
  0993-23-3900
  www.sa-raku.sakura.ne.jp
  월~일 08:30~21:00
  이부스키역

이부스키의 모래탕

가고시마

모래 속에 파묻히는 것이 '목욕'이라고 생각하지 않을 수도 있다. 하지만 이제 남부 지역을 탐방하고 있으니 남부 스타일대로 평소와 다른 것에 도전해보는 것도 나쁘지 않다.

먼저, 모래탕에 대해 간략히 설명하겠다. 모래 전문가가 맨발로 모래의 온도를 확인한다. 만약 더 높은 온도를 원한다면 모래 구덩이를 더 깊이 파면 된다. 스나카케상(모래 전문가)이 자세를 잡고 머리에 수건을 감아준다. 그런 다음 목만 남겨두고 몸 전체를 뜨끈뜨끈한 모래 속에 묻는다. 알몸 상태로 하는 목욕이 아니기 때문에 유카타를 입고 있을 것이다. 모래가 입 안으로 들어가지 않도록 수건을 꽉 무는 것이 좋다. 햇빛에 눈이 부시지 않도록 가이드가 알록달록한 귀여운 파라솔을 펼쳐준다. 10분 정도가 딱 알맞다. 하지만 모래탕을 정말 좋아하는 사람은 20분까지 참기도 한다.

이제 나만의 모래성 안에 갇혀있다. 따뜻하고 포근하며 안락하다. 잠시 졸아도 좋고 긴장을 풀고 영원히 반복될 것 같은 파도 소리에 귀 기울여도 좋다. 미네랄을 함유하고 있는 따뜻한 모래가 몸속 독소를 제거한다고 알려져 있다. 몸에서 빠져 나온 나쁜 성분들을 화산 활동으로 인해 뜨거워진 오래된 흙이 흡수한다. 이 외에도 혈액 순환을 촉진하고 신진 대사를 활발하게 하며 체중 감량에도 효과가 좋다고 한다.

이부스키에는 2곳의 커다란 모래탕이 있어 마음에 드는 곳을 고를 수 있다. 스나무시카이칸 사라쿠는 일광욕과 모래탕이 전문이다. 야마카와 스나무시온센 사유리는 모래탕과 바다를 바라보며 온천을 즐길 수 있는 노천탕으로 유명한 대규모 슈퍼 센토인 헬시랜드에 속해있다. 모래탕에 흥미가 없는 사람도 모래탕에 관련된 물건을 파는 가게에서 즐거운 시간을 보낼 수 있을 것이다.

마지막으로 이부스키역에 있는 아기자기한 족욕탕을 빼놓을 수 없다. 유명한 지역 먹거리인 온천 달걀과 찐 고구마도 잊지 말자.

기리시마 주변 온천

가고시마

기리시마에는 9개의 온천지가 있다. 기리시마산 기슭에 둥지를 튼 작은 마을들에서 유황과 탄산수소염, 염분 온천수를 사용하는 온천들을 만나볼 수 있다. 옅은 색의 온천이 신비로운 치유 능력을 가졌다고 알려져 있다.

기리시마는 4곳의 마을로 나뉘는데, 모두 가볍게 걸어서 갈 수 있을 만큼 가깝다.

기리시마 호텔의 명소 이오다니 온천은 커다란 욕탕에 유리 천장이 인상적이다. 천장을 통해 쏟아지는 햇빛이 큼직막하고 투박한 온천을 환하게 밝힌다. 배수관을 통해 황산물이 졸졸 떨어져 메인 욕탕과 작은 욕탕들을 가득 채운다.

기리시마진구 온천 마을에는 독특한 천연 진흙탕 사쿠라사쿠라가 있다. 주간 스파에서는 주로 진흙을 사용해 팩도 하고 관리도 한다. 하지만 사실 어디를 가든 산성 미네랄이 풍부한 진흙을 온몸에 바를 수 있는 진짜 화산 마을이다.

기리시마 이와사키 호텔은 2가지 독특한 온천 경험을 제공하는데, 각각 추가 비용을 내야한다. 널찍한 하야시다 온천은 가족 단위의 온천객에게 적합한 실내탕이다. 욕탕 크기도 크다. 규모만 보면 슈퍼 센토와 비슷한데, 주간 온천객에게도 문이 활짝 열려있다. 료쿠케이토엔은 전형적인 일본 온천을 체험할 수 있는 곳으로, 부드럽게 흐르는 강물 옆으로 8개의 아름다운 노천 암반탕이 자리 잡고 있다.

신유 온천은 기리시마 가장자리에 있는 자그마한 마을로, 산 중턱에 숨어있는 비밀 온천 신모에소를 자랑한다. 외부와 동떨어진 온천 주변으로 산이 자리를 지키고 있다. 옅은 청록색의 탁한 온천수가 인상적이다. 유황을 함유한 뜨거운 온천은 장점이 많지만, 그중에서도 건선과 무좀에 탁월하다. 이곳에 머물 예정이라면 나무 기둥을 움푹 파서 하늘색 온천수를 채운 욕탕을 둘러보자. 맑게 갠 밤에는 온천에 앉아 별이 반짝거리는 하늘을 하염없이 바라볼 수 있다.

이오다니 온천 기리시마 호텔

⇨ ☎899-6603
　鹿児島県霧島市牧園町高千穂
　3948
　0995-78-2121
　www.kirishima-hotel.jp
　월~일 11:00~17:00

기리시마 이와사키 호텔

⇨ 폐업

기리시마 신모에소

⇨ ☎899-6603
　鹿児島県霧島市牧園町高千穂
　3968
　0995-78-2255
　월~일 08:00~20:00
　기리시마진구역 또는 JR 기리시
　마온센역에서 버스 이용

일본 철도 패스

여행 중에 고속열차 신칸센을 한 번 이상 탈 계획이라면 일본 철도 패스(JR 패스)가 훨씬 합리적이다. 도쿄에서 교토까지 왕복 열차표가 철도 패스 7일권보다 약간 저렴하다. 따라서 기차를 타고 다른 온천으로 향하는 이들은 철도 패스로 많은 돈을 절약할 수 있다.

외국인용 철도 패스는 반드시 일본에 입국하기 전에 구입해야 한다. 시작 날짜는 마음대로 정할 수 있으며 7일권과 14일권, 21일권 중에 선택하면 된다. 일반 객실 또는 그린 등급(비즈니스 클래스라고 생각하면 된다)의 패스를 사면 된다. 구매 영수증을 커다란 기차역 또는 공항에 있는 일본 철도 매표소로 가져가면 확인 후 패스를 발급해준다. 패스는 재발급이 안 되므로 잃어버리지 않도록 조심해야 한다. 영수증을 패스로 바꾸는 데 시간이 다소 걸릴 수도 있다.

열차를 이용할 때는 항상 예정된 시간보다 조금 일찍 도착해야 한다. 일본 열차는 시간을 엄수하기로 유명하다. 예약된 좌석 번호를 미리 확인하는 것도 중요하다. 그래야 기차가 들어왔을 때 올바른 객차 앞에서 기다릴 수 있다. 길이가 긴 기차 중에 운행 도중 분리하는 경우도 있으므로 여행을 망치지 않으려면 엉뚱한 곳에 있지 않도록 주의해야 한다. 많은 신칸센에 전원 콘센트가 있다. 화장실은 모든 기차에 있으니 걱정하지 않아도 된다.

일본의 고속열차 대부분을 일본 철도에서 운행한다. 하지만 개인이 소유한 철도 기업도 많다. 구입한 패스는 일본 철도의 기차를 탈 때만 유효하다. 도쿄나 교토처럼 큰 도시에는 사기업에서 운행하는 기차 노선이 많이 다닌다. 소도시의 경우 개인이 소유한 관광 열차 노선이 더 많을 수도 있다. 오다큐, 긴테츠, 게이오, 도쿄 메트로, 도부, 도큐, 게이세이, 세이부, 니시테츠, 난카이, 한큐, 게이한, 한신, 메이테츠, 게이큐에서 운행하는 노선에서는 JR 패스를 쓸 수 없다.

여러 웹사이트에서 JR 패스를 판매한다. 또는 여행사를 통해 구입할 수도 있다.

에키벤

일본 기차 여행의 가장 큰 즐거움 중 하나는 바로 열차 안에서 도시락을 먹고 이상한 맛이 나는 음료를 마시는 것이다. 일본어로 '에키'는 역을 뜻한다. '벤'은 도시락을 의미하는 벤토의 줄임말이다. 주요 기차역에 가면 에키벤을 파는데, 개인적으로 게이트 안에서 파는 에키벤이 제일 맛있다고 생각한다. 우리는 늘 30분 정도 일찍 역에 도착해 완벽한 에키벤을 찾아다닌다. 식사 시간에 맞춰서 여행 일정을 짜기도 한다. 편의점이나 백화점에서도 벤토를 살 수 있다.

포장에 방문하는 도시의 사원이나 절 그림이 그려진 에키벤을 골라보자. 벤토 내용물이 지역 특산품으로 이루어져 있다는 뜻이다. 채식주의자라면 '야사이(채소)' 벤토를 골라야 한다. 우메보시(일본식 매실 장아찌)나 미역을 넣은 오니기리(삼각김밥) 혹은 다마고(달걀)를 통째로 넣은 오니기리를 점심으로 먹어도 좋다. 기차 안에서 에키벤과 과자, 음료 등 음식을 파는 신칸센도 있다.

료칸에 머물기

이 책은 주간 목욕을 주로 다루지만, 여행을 하면서 적어도 하룻밤은 료칸에서 머물 것을 추천한다. 료칸이란 일본식 여관을 말하는데, 특별히 준비한 식사를 한두 번 제공한다. 저녁 식사를 방으로 가져다주는 곳도 있다. 물론 온천도 이용할 수 있다. 다다미 바닥과 방 한가운데 놓인 탁자 등 객실마다 전통 일본식으로 꾸며져 있다. 체크인 시간과 식사 시간을 엄격하게 준수하는데, 통금 시간을 정해놓은 곳도 있다. 료칸에서 보낸 하룻밤은 잊지 못할 추억으로 남는다. 우리는 생일이나 기념일, 또는 다른 특별한 일이 있을 때 료칸을 찾는다.

지은 지 얼마 안 된 료칸도 있고 500년도 더 된 료칸도 있다. 료칸 체험에는 일본 전통식 방바닥에 이불을 깔고 자는 것도 포함되어 있다. 객실이나 료칸 안에 있는 남탕 또는 여탕에서 뜨거운 온천 목욕을 할 수 있다. 실내탕일 수도 있고 노천탕일 수도 있다.

저녁 식사를 마친 후에 료칸 직원이 객실 바닥에 폭신폭신한 이불과 베개를 깔아준다. 침대를 선호하는 손님을 위해 현대적인 객실이 준비된 료칸도 있다. 우리는 늘 미리 예약할 수 있는 독탕이 있는지 확인한다. 아니면 객실 안에 온천이 있어도 좋다. 료칸의 숙박비가 비싸다고 느껴질 수도 있지만, 식사도 포함되어 있다는 점을 잊지 말자.

일본의 공휴일

공휴일에는 2가지 상황이 벌어질 수 있다. 예상치 못하게 목욕탕이 문을 닫거나 사람들로 북적거릴 수도 있다. 일본은 공휴일이 많은 나라이므로 여행 일정과 공휴일이 겹치지 않는지 미리 확인하자.

목욕탕 영업시간

대부분의 센토가 늦은 오후에 문을 열어 밤까지 영업을 하는데, 이를 미리 알고 있는 것이 중요하다. 온천과 센토 둘 다 공휴일 당일 또는 전후에 문을 닫기도 한다. 특히 신년이나 황금연휴(4월 말에서 5월 초) 때 영업시간을 확인해야 한다.

돈

일본의 화폐는 엔화라고 부르며 ￥으로 표시한다. ￥1,000, ￥2,000, ￥5,000, ￥10,000짜리 지폐와 ￥1, ￥5, ￥10, ￥50, ￥100, ￥500짜리 동전을 사용한다. ￥5와 ￥50짜리 동전은 가운데 구멍이 뚫려있다.

일본에서는 소비세로 10퍼센트가 부과된다. 제시된 가격표에 소비세가 포함된 경우도 있고 그렇지 않은 경우도 있으므로 먼저 확인하는 것이 좋다. 가끔 서비스료가 추가로 청구되는데, 호텔과 레스토랑에서는 꽤 많은 서비스료가 붙을 수 있다. 따라서 물건을 사기 전에 추가 비용이 있는지 알아봐야 한다.

타국가에서 발급받은 신용카드를 쓸 수 없는 ATM 기기도 있다. 현금이 필요하다면 세븐뱅크를 추천한다. 편의점 세븐일레븐 안에 있거나 별도의 매장이 있다. 큰 상점이나 백화점, 대부분의 우체국에는 타국가에서 발급받은 신용카드를 쓸 수 있는 ATM 기기가 있을 수 있다.

택시

기차역이나 버스 터미널, 또는 큰 상점 앞에서 택시를 잡아주는 사람들을 볼 수 있다. 밤에는 빈 택시의 사인에 불이 들어오기 때문에 한눈에 알 수 있다. 앞 유리 모서리에 있는 사인을 잘 확인하자. 빈 택시는 빨간 불이 들어온다. 손님을 태운 택시는 초록 불이 켜져 있다. 택시 요금은 지역별·회사별로 차이가 있다. 택시 기사에게는 상냥하게 대하는 것이 좋다. 택시에 올라타면서 간단한 인사(곤니치와) 정도만 해도 충분하다. 일본어로 쓴 주소를 준비하면 택시기사가 GPS 시스템에서 검색해준다. 팁을 줄 필요는 없지만, 반올림해서 요금을 내는 것도 좋다.

편의점

일본에서는 편의점을 가리켜 곤비니라고 부른다. 온천에 필요한 모든 것을 살 수 있다. 놀랍게도 다양한 종류의 음식과 음료수, 술을 판다. 뿐만 아니라 편의점 크기와 위치에 따라 속옷, 핸드 타월, 데오도란트, 얼굴크림, 선크림, 핸드폰 충전기 등을 살 수 있다.

먹고 마시기

온천과 센토에는 기본적인 식수대와 자판기부터 카페, 식당 등이 있어 먹거리를 해결할 수 있다.

여러 작은 센토의 경우 선택의 폭이 좁지만, 중간 규모의 시설과 슈퍼 센토에는 식당, 카페, 디저트 가게, 매점 등 따로 매장이 있거나 여러 옵션을 제공하기도 한다. 온천을 즐기려면 하루를 투자해야 하므로, 대부분 맛있고 훌륭한 음식을 선보인다.

온천 체험을 중심으로 하루를 보낼 계획이라면, 늦은 아침에 도착하는 것이 좋다. 목욕을 한 다음 점심을 먹고 좀 쉬다가 다시 온천에 들어간다. 그런 다음 아이스크림(또는 맥주)을 먹고 휴식을 취한 후에 다시 온천을 즐긴다. 이때쯤이면 아마도 낮이 밤으로 바뀌었을 것이다.

온천 마을 먹거리

많은 온천 마을에서 온천수에 익히거나 찐 특제 요리를 선보인다. 다음은 우리가 가장 좋아하는 먹거리들이다.

- **온천 달걀** 온센타마고는 온천에서 가장 흔히 볼 수 있는 먹거리다. 온천 마을 료칸 입구에서 달걀 바구니를 물에 넣고 삶는 것을 볼 수 있다.
- **온천 찐만두** 오야키 찐 반죽 안에 다양한 종류의 고기와 달콤한 재료를 소로 넣은 음식이다. 채식주의자를 위한 지고쿠의 군고구마 찐만두는 정말 일품이다.
- **온천 쌀과자** 기본적인 센베이부터 맛을 가미한 센베이까지 다양한 센베이가 있다. 온천을 즐긴 후 료칸에서 간식으로 먹거나 집으로 돌아가는 기차 안에서 먹기 좋다.
- **온천 식수** 여러 온천 마을에 땅속 깊은 곳으로부터 따뜻한 온천수를 끌어올리는 식수대가 마련되어 있다. 몸에 좋은 미네랄이 풍부하므로 마셔보자.
- **온천 수제 사이다** 많은 수제 맥주와 사이다, 또는 사케 제조 회사들이 유명한 온천 지역으로 몰려들고 있다. 지역 온천수의 뛰어난 효능을 그대로 살려 신제품을 만드는데, 가장 좋아하는 술의 온천 버전을 만날 수 있다.

자판기

어느 목욕탕을 가든 음료 자판기를 볼 수 있다. 음료수 종류도 정말 다양하다. 겨울에는 따뜻한 음료와 차가운 음료 중에서 선택할 수 있다. 뜨거운 수프를 작은 틴 용기에 담아 팔기도 한다. 목욕 후에 수분 보충을 위해 초콜릿, 바나나, 커피 또는 일반 우유가 인기 있다. 또는 요구르트나 맥주 역시 갈증을 단번에 씻어준다.

규모가 큰 시설에서는 속옷과 화장품, 아이스크림 등을 파는 자판기도 볼 수 있다.

애정 표현

커플끼리 온천을 방문할 때는 애정 표현에 주의하자. 애정 표현을 하고 싶다면 독탕을 선택하거나 객실에 온천이 있는 료칸에서 머물면 된다.

재활

온천은 재활 목적으로도 매우 훌륭한 장소다. 특히 제트 마사지탕은 부상과 근육통에 탁월하다. 도쿄의 마에노하라 온천 사야노유도코로(34쪽), 오사카의 스파 스미노에(80쪽), 아라시야먀의 사가노 온천 덴잔노유(77쪽) 모두 훌륭한 예다.

가족

목욕탕은 가족 단위로 방문하기에 더할 나위 없이 좋다. 3대가 함께 목욕하는 모습을 종종 볼 수 있다. 탈의실에는 기저귀를 가는 공간이 마련되어 있고 아이들을 위한 목욕 장난감이 있는 온천도 있다. 사람들이 온천을 찾는 이유는 긴장을 풀고 쉬기 위함이라는 점을 기억하자. 따라서 아이들이 뛰거나 물을 튀기지 않도록 주의를 주어야 한다. 너무 큰 목소리로 이야기하는 것도 삼가야 한다.

쇼핑

백화점이나 약국, 편의점에서 온천에 필요한 모든 것을 살 수 있다. 도쿄나 교토의 경우 도큐핸즈와 로프트에서 다양한 종류의 수건과 목욕용품을 판다. 무지 역시 기본적인 용품을 선보인다. 이마바리수건에서는 질 좋은 제품을 만날 수 있다.

도움 되는 웹사이트

www.hyperdia.com 신칸센 여행을 여기에서 계획할 수 있다. 여행 일정을 출력한 다음 일본 철도 카운터로 가져가 표를 예약하면 된다.

www.japaneseguesthouses.com 료칸 숙박시설을 편리하게 예약할 수 있는 웹사이트다.

www.jnto.org.au 일본 관광청에서 운영하는 공식 웹사이트로, 유용한 정보를 제공한다.

언어

유용한 문자

일본 日本
역 駅
남성 男
입구 入口
북 北
동 東

도쿄 東京
엔 円
여성 女
출구 出口
남 南
서 西

유용한 문장

영어를 할 줄 아나요?
에이고 오 하나시마스 카?

이해를 못 하겠어요
와카리마센

안녕하세요
곤니치와

좋은 아침입니다
오하요우 고자이마스

좋은 밤 되세요
오야스미나사이

안녕히 계세요
사요나라

나중에 또 만나요
마타 네

만나서 반갑습니다
하지메마시테

부탁해요
도조

감사합니다
아리가토 또는 아리가토 고자이마스

정말 감사합니다
도모 아리가토

실례합니다
스미마센

오늘 기분이 어때요?
겐키 데스 카?

저는 잘 지내요
겐키 데스 또는 겐키

이거 얼마죠?
이쿠라 데스 카?

맛있어요
오이시이

계산서를 받을 수 있을까요?
오칸조 오네가이시마스?

택시
다쿠시

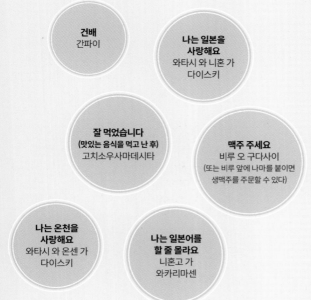

건배
간파이

나는 일본을 사랑해요
와타시 와 니혼 가 다이스키

잘 먹었습니다
(맛있는 음식을 먹고 난 후)
고치소우사마데시타

맥주 주세요
비루 오 구다사이
(또는 비루 앞에 나마를 붙이면 생맥주를 주문할 수 있다)

나는 온천을 사랑해요
와타시 와 온센 가 다이스키

나는 일본어를 할 줄 몰라요
니혼고 가 와카리마센